주머니 속

# 나물
# 도감

**이영득** 선생님은 동화 작가면서 '숲생태 교육자' 입니다. 교사 연수 등 강의도 하며 다음 카페 '풀과 나무 친구들'에서 풀꽃지기로 활동하고 있지요. 경남신문 신춘문예에 동화로 등단하였고, 경남아동문학상, 한국 안데르센상을 받았어요.

펴낸 책으로는 동화는 『할머니 집에서』, 『오리 할머니와 말하는 알』, 『강마을 아기너구리』와 자연 책 『풀꽃 친구야 안녕?』, 『주머니 속 풀꽃 도감』, 『산나물 들나물 대백과』, 『내가 좋아하는 풀꽃』, 『내가 좋아하는 물풀』, 『숲에서 놀다』 들이 있어요.

---

◻ 사진 도와 주신 분
   김문찬(1장), 김상희(4장), 이봉식(3장), 이홍진(3장), 정현도(9장)

◻ 일러두기
   1. 식물 이름은 '국가표준식물목록'을 기준으로 했습니다.
   2. 과명은 『한국식물도감』(2006)을 기준으로 하되, 『대한식물도감』(1980)을 참고했으며, 서로 맞지 않는 것은 일반적으로 많이 쓰는 것을 택했습니다.
   3. 차례는 식물 분류 기준을 따르되 산나물, 들나물, 나무 나물, 갯가 나물, 독이 있는 식물 차례로 실었으며, 견주어 보기 쉽게 기준을 따르지 않은 것도 있습니다.
   4. 식물 전문 용어는 쉽게 풀어 쓰려고 노력했고, 깨끗한 우리말로 바꿔 쓸 때 많이 길어지거나 복잡해지는 것은 그대로 쓰기도 했습니다.
   5. 나물 사랑을 시작한 사람들을 위한 책이므로 학명은 생략했고, 사진과 설명은 알아보기 쉽게 실으려 노력했습니다.
   6. 식물 이름 칸에 쓴 'ㄱ' 표는 왼쪽 식물 사진이나 설명 속에 오른쪽 식물이 들어 있다는 뜻입니다.

생태 탐사의 길잡이 9

주머니 속

# 나물 도감

이영득 글과 사진

황소걸음
Slow&Steady

**주머니 속**
**나물**
**도감**

| | |
|---|---|
| **펴낸날** | 2009년 3월 25일 초판 1쇄 |
| | 2022년 4월 28일 초판 4쇄 |
| **지은이** | 이영득 |
| **만들어 펴낸이** | 정우진 강진영 김지영 |
| **꾸민이** | Moon&Park(dacida@hanmail.net) |
| **펴낸곳** | 04091 서울 마포구 토정로 222 한국출판콘텐츠센터 420호 |
| **편집부** | (02) 3272–8863 |
| **영업부** | (02) 3272–8865 |
| **팩 스** | (02) 717–7725 |
| **이메일** | bullsbook@hanmail.net / bullsbook@naver.com |
| **등 록** | 제22–243호(2000년 9월 18일) |
| **ISBN** | 978–89–89370–62–8 06480 |

**황소걸음**
Slow & Steady

© 이영득 2009

# 산나물 할머니 이야기

　나물 도감을 써 달라고 부탁 받았을 때, 처음에는 망설였어요. 몸에 좋다고 마구잡이로 나물 하는 사람이 늘까 싶어서요. 생각하고 또 생각하다 이렇게 마음먹었지요.

　'그래! 내가 거절해도 누군가가 나물 도감을 낼 거고, 그렇다면 차라리 산나물 할머니 이야기를 들려 드리자.'

　몇 해 전 봄이었어요. 깊은 산골짜기에서 봄꽃하고 눈을 맞추다가 나물 뜯는 할머니를 만났어요. 할머니는 어찌나 산을 잘 타는지 산토끼 같았어요. 조금 전만 해도 이쪽 비탈에서 나물을 뜯다가, 어느 새 저쪽 골짜기에 가서 나물을 뜯곤 했지요. 걸음도 어찌나 가벼운지……

　할머니 나물 주머니는 아기 밴 엄마 배처럼 불룩했어요. 신기하게 지켜보는데, 할머니가 "웬 새댁들이고?" 하며 고개를 들었어요.

　"꽃 보러 왔어요, 할머니. 혼자 나물 하세요? 혹시 팔 거면 저희한테 파세요."

　나물 주머니엔 온갖 나물이 들어 있었어요. 냄새만 맡아도 산기운이 몸으로 '훅' 들어오는 것 같았지요.

　가방에서 방울토마토를 꺼내 할머니께 드렸어요.

　"할머니, 이거 잡숴 보세요! 그런데 할머니는 연세가 몇인데 산을 그렇게 잘 타세요?"

　"잘 먹을게. 뭐시, 내 나이 말이가? 내가 일흔셋 아이가. 용돈 벌려고 이리 안 댕기나?"

　"예? 그렇게 안 보여요!"

"헤헤, 고맙구로. 산에 댕기서 산 기운 쪼까 더 받은 거밖에 없는데 젊어 보인다 카이 기분 좋네."

그 인연으로 해마다 봄에 한두 번은 산나물 할머니를 뵙곤 해요. 할머니를 따라다니며 나물을 하기는 하는데, 말이 나물 하는 거지 순 엉터리 나물꾼이죠.

야들야들한 나물이 보이면 대견해 눈 맞추고, 예뻐서 들여다보고, 사진 찍고, 냄새 맡다 보면 나물은 한 움큼도 안 돼요. 그래도 그 좋은 철에 산에 있는 게 행복하고 좋아서 산한테도 감사하고, 걸을 수 있는 다리한테도 감사하고, 식구도 고맙고, 함께 간 동무도 고마워요.

맑은 공기 마시며 새 잎 난 가지도 보고, 하늘도 올려다보죠. 따라라라, 딱따구리 소리라도 들리면 이 나무 저 나무 살피다 시간 가는 줄 모르죠. 문득 고개 돌려 할머니를 찾으면 어느 새 옷자락도 보이지 않아요. 그제야 "할머니! 할머니!" 부르며 걸음을 옮기지요.

그런데 신기한 건 할머니 뒤를 따라가면서 봐도 나물 한 표가 안 나는 거예요. 푹푹 파인 발자국도 없고요.

"할머니, 나물을 그렇게 많이 뜯었는데, 흔적이 보이지 않아요. 발자국도 잘 안 보이고요."

"그렇더냐? 이 나무에서 쪼매, 저 풀에서 쪼매 뜯었더니 표가 안 나더냐? 고맙구로. 내가 산에 오면 몸이 좀 가볍다."

그렇게 말하는 할머니 얼굴이 어찌나 맑고 고운지.

'아, 나물은 저렇게 하는 거구나! 산나물이나 약초를 한답시고 싹쓸이를 하거나 멧돼지가 산을 발칵 뒤집어 놓은 것처럼 하는 사람들이 봐야 하는데……'

나물을 뜯어 팔면서도 자연에 대한 예의를 갖출 줄 아는 할머니. 아는 만큼 보이고, 아는 만큼 사랑하는 게 세상 이치라더니, 나물 하는 것도 예외는 아니었어요.

고마워하고 조심하는 마음, 아끼고 귀히 여기는 마음, 욕심 부리지 않는 마음.

그 마음으로 산나물을 뜯는 할머니는 그대로 산토끼예요. 닮고 싶은 산토끼지요.


봄이면 겨우 한 접시 나올 정도로 나물을 뜯곤 해요. 양이 적어도 보약처럼 귀하게 먹을 수 있는 건, 자연에 대한 예의를 갖추고 얻은 음식이라는 자부심 때문이에요. 어떤 마음으로 뜯었는지 아니까요.

내가 먹은 음식이 내 몸이 되는 거잖아요.

나물 하면서 마신 바람! 정말 맛있어서 한 자루 담아 와 예쁜 사람한테 선물하고 싶은 바람! 그 바람 마시러 오늘도 산으로 가야겠어요.


산에 들에 봄물 곱게 드는 날에
풀꽃지기 이영득

# 차례

## 갯가 나물 **415**

## 독이 있는 식물 **433**

# 나물 하러
## 가기 전에

 옷차림과 준비물

 나물 하는 법

 산나물과 독이 있는 식물 구별법

 산나물 먹는 법과 보관법

 묵나물 조리법

 산야초 효소 만드는 법

## ☐ 옷차림과 준비물

▶ 일기 예보를 본다(비가 올 때를 대비한다. 산 속에서는 우산보다 비옷이 편하다).

▶ 긴 바지에 긴 소매 옷을 입는다. 모자를 쓰고 등산화를 신으면 좋다(날카로운 가지나 곤충, 뱀한테서 몸을 보호하기 쉽다).

▶ 배낭, 허리에 매는 주머니(비닐 주머니 등), 장갑을 준비한다(손이 자유로워야 나물 하기도 좋고, 산에 다니기도 편하다).

▶ 나물 도감이나 식물 도감을 준비한다(나물인지 독초인지 가릴 수 있다. 확실하지 않으면 뜯지 않는다).

▶ 비상 약품을 준비한다(일회용 밴드, 연고, 소화제, 해열제, 진통제 등).

▶ 휴대전화가 되는 곳인지 확인한다(전화가 안 되는 깊은 곳이면 동행자가 보이는 곳에서 나물을 한다).

▶ 물이나 도시락, 비상 식량 등을 준비한다.

▶ 비상시를 대비해 호루라기, 손전등, 나침반, 그 지역 산길이 나온 지도 등을 준비한다.

## ☐ 나물 하는 법

▶ 자연의 기운을 느끼며 한다.

▶ 고맙고 감사한 마음으로 한다.

▶ 특산식물, 희귀식물, 멸종위기야생식물은 보호해야 한다.

▶ 손으로 뜯는다(칼이나 낫, 호미와 같이 날카로운 것으로 하면 식물이 다칠 수 있다).

- 뿌리째 뽑지 않는다(냉이 같은 나물은 뿌리째 캔다. 잔대나 더덕처럼 잎도 먹고 뿌리도 먹는 나물은 가능하면 잎만 뜯는다. 뿌리를 캐야 한다면 큰 것만 캐고 어린 것은 그대로 둔다).
- 여러 포기에서 조금씩 뜯는다.
- 아는 나물만 뜯는다(독이 있는 식물을 뜯지 않게 조심한다).
- 도심이나 경작지 둘레에서는 나물을 하지 않는다(매연이나 농약이 묻었을 수 있다).
- 나무를 베거나 잘라서 나물을 하면 안 된다.
- 다른 식물이 다치지 않게 조심한다.
- 뱀이나 말벌, 멧돼지, 곰 등이 보이면 함부로 자극하지 않는다.
- 부위에 따라 다르게 나물 한다.

| 싹(고사리, 고비) | 싹을 전부 뜯지 않는다. 뿌리째 뽑지 않는다. |
|---|---|
| 순(두릅나무) | 순 전체를 따지 않는다. 맨 위의 싹만 따고 나머지는 남긴다. |
| 뿌리(더덕, 마) | 여러 포기 가운데 큰 것 하나씩만 캔다. 캔 뒤에는 흙으로 덮는다. |
| 덩굴(다래, 으름덩굴) | 덩굴 밑동을 자르지 않는다. |

- 금지된 곳에서는 나물을 하지 않는다(불법 채취는 '산림자원의 조성 및 관리에 관한 법률'에 따라 7년 이하의 징역이나 2000만 원 이하의 벌금형을 받는다).

| 국립공원, 자연 보호 구역 | 식물 채취가 금지되어 있다. |
|---|---|
| 산나물이 지역 특산물인 지역 | 채취권이 필요하다. |
| 개인 소유지, 산나물 재배지 | 허락을 받고 들어가야 한다. |

# 산나물과 독이 있는 식물 구별법

▸ 나물은 잎이나 줄기를 따서 냄새를 맡아 보면 향긋한 냄새가 나는 게 많고, 독초는 좋지 않은 냄새가 나는 게 많다.

▸ 초식 동물인 소가 먹을 수 있는 식물은 대개 사람도 먹을 수 있다. 하지만 그렇지 않은 경우도 있으니 조심한다.

▸ 잎에 벌레 먹은 흔적이 있으면 대개 사람도 먹을 수 있다고 한다. 하지만 아닌 경우도 많으니 주의한다.

▸ 독초는 독특하게 생긴 게 많다. 꽃 색이 어둡거나 모양이 독특하면 일단 독초가 아닌지 의심해 본다(미치광이풀, 삿갓나물, 앉은부채, 요강나물, 족도리풀, 천남성……).

▸ 독초는 윤기가 나는 게 많다. 잎이나 꽃, 열매에 유난히 윤기가 나면 독초가 아닌지 의심해 봐야 한다(개구리자리, 앉은부채, 미국자리공……).

▸ 맛을 보고 독초를 가리는 것은 위험하다. 혀끝에 대기만 해도 정신을 잃거나 심한 중독 현상이 일어날 수도 있다.

▸ 독초는 피부에 닿으면 대개 나쁜 반응이 나타난다. 손목 안쪽에 즙을 바르면 물집이 잡히거나 발진이 일어나기도 한다. 가렵거나 따가운 느낌이 들어도 독초가 아닌지 의심해 봐야 한다.

▸ 전문가의 도움을 받는다. 나물을 많이 해 본 경험자한테 물어 가며 뜯는 게 가장 좋은 방법이다.

> **이름에 '나물'이 붙은 독초**
>
> 이름에 '나물'이 붙은 독초도 많다.
> 개발나물, 놋젓가락나물, 대나물, 동의나물, 삿갓나물, 요강나물, 윤판나물, 피나물…….
> 이 가운데 독이 강한 동의나물, 삿갓나물, 요강나물 같은 건 먹으면 구토와 발진, 설사, 복통, 현기증, 경련, 호흡 곤란 같은 증상이 나타난다. 심하면 생명을 잃을 수도 있으니 주의한다.

# 산나물 먹는 법과 보관법

▶ 생으로 먹거나 데쳐서 바로 나물 할 것은 신선할 때 먹는 게 좋다.

▶ 그 날 뜯은 나물을 섞어서 먹는 게 좋다. 한두 가지 나물만 오래 먹으면 부작용으로 독이 될 수도 있다.

▶ 데치고 하루 이틀 있다 먹을 것은 냉장실에 넣는다. 며칠 뒤에 먹거나 오래 둘 것은 냉동실에 보관한다.

▶ 취나물, 고사리처럼 말려서 묵나물로 할 것은 뜨거운 물에 데쳐서 햇볕에 바싹 말린다. 그래야 산나물의 맛과 향이 오래 간다.

▶ 묵나물은 서늘하고 바람이 잘 통하는 곳에 보관한다.

▶ 묵나물을 비닐 봉지에 보관할 때는 밀폐하는 게 좋다.

▶ 장마철에 묵나물이 눅눅해지면 다시 바싹 말린다(잘못하면 곰팡이가 피거나 벌레가 슨다).

## 묵나물 조리법

묵나물은 뜯어 두었다 이듬해 봄까지 먹는 나물을 말한다. 나물이 없는 철에 먹으려고 묵나물을 만든다. 보관하기 쉽게 데쳐서 말린 게 많다.

1. 고사리, 취나물, 얼레지 같은 묵나물은 미지근한 물이나 찬물에 불린다. 이 때 나물이 완전히 잠기도록 물을 붓고, 한 시간 이상 불린다.
2. 불린 묵나물은 끓는 물에 20~30분 이상 푹 삶는다. 시간이 모자라면 뻣뻣하고, 너무 삶으면 무르다. 씹어 보면서 익은 정도를 가늠한다.
3. 삶은 나물은 찬물에 헹군 다음 꼭 짠다.
4. 독이 있는 나물은 충분히 우려낸다.
5. 간장, 파, 마늘, 들기름 같은 양념으로 볶는다. 삶아 익힌 나물이라 오래 볶을 필요는 없다.


## 산야초 효소 만드는 법

나물 해 먹는 것은 모두 산야초 효소를 만들 수 있다. 한 가지씩 따로 만들어도 되지만, 잎과 줄기, 뿌리, 열매 등 고루 섞어서 만들면 더 좋다. 100가지가 넘는 산야초와 과일 등으로 만든 효소를 '백초 효소'라 한다. 농약이나 솔잎혹파리 방제를 하지 않은 깨끗한 곳에서 채취한 것으로 만든다.

1. 산나물, 들나물을 깨끗이 씻어 물기를 틴 다음 그늘에 널어 둔다.
2. 물기가 마르면 2~3cm 길이로 자른다.
3. 나물 무게만큼 준비한 꿀이나 설탕을 나물과 고루 섞는다.

4. ③을 숨쉬는 항아리에 눌러 담는다.

5. 넓적한 돌을 끓는 물에 소독해 ④에 올린다.

6. 항아리 입구를 한지로 덮고, 고무줄로 묶는다. 이 때 바늘 구멍을 세 개 정도 낸다. 항아리는 그늘에 보관한다. 유리병에 담을 때는 검은 천이나 종이로 싸서 빛이 들어가지 않게 한다.

7. 일주일에서 보름 정도 되면 발효가 시작되어 보글보글 끓고, 독특한 향기도 난다. 이 때 한 번 뒤집는데, 설탕이 가라앉지 않게 고루 젓는다. 그리고 2주일 내에 서너 번 더 젓는다. 초파리나 벌레가 들어가지 않게 조심한다.

8. 보통 석 달에서 100일 정도면 발효가 된다. 이 때 찌꺼기를 소쿠리에 밭쳐서 꼭 짠 다음 원액을 숙성시키면 산야초 효소가 된다. 숙성 기간은 여섯 달에서 아홉 달 정도면 된다.

9. 잘 숙성된 산야초 효소는 항아리나 병에 담아 뚜껑을 닫고 보관한다.

10. 산야초 효소를 물에 타서 마신다. 물 90ml에 효소 10ml 정도면 적당하다. 물엿이나 설탕 대신 음식에 넣어도 좋다.

산야초 효소 만들기(나물 : 설탕=1 : 1).

# 산나물

□ 전체 모습(4월 27일).

□ 나물 하기 좋은 때(3월 30일).　□ 솜털에 싸여 올라오는 싹(3월 30일).

## 고비 (고비과)

꼬치미라고도 한다. 하얀 솜털에 싸여 나와 태엽처럼 풀리면서 자란다. 어린순을 뜯어 솜털을 떼고, 데친 뒤 말려서 고사리처럼 묵나물로 만든다. 묵나물은 삶아서 우려내고 볶는다. 고사리 대신 제사상에 올리거나, 다른 재료와 같이 산적을 만들기도 한다. 맛과 향이 좋아 고급 나물로 친다.

**여러해살이풀**

**크기** 60~100cm
**홀씨 맺는 때** 3~5월
**자라는 곳** 산의
　　　　　　　축축한 곳
**나물 할 때** 봄

22

□ 자란 잎(7월 13일).

□ 뜯은 나물(4월 20일).

□ 고비 나물(12월 3일).

□ 잎이 펼쳐진 모습(7월 1일).　　　□ 나물 하기 좋은 때(5월 10일).

## 고사리(고사리과)

제사상에 빠지지 않는 나물이다. 아기가 주먹을 쥔
것처럼 올라온다. 잎이 펴지기 전에 어린순을 꺾어
데친 뒤 말린다. 묵나물은 삶아서 우려내고 볶기도
하고, 비빔밥이나 육개장에 넣기도 한다. 굵은 건
다른 재료와 같이 산적도 만든다. 채소 잡채를 할
때 넣어도 좋다.

**여러해살이풀**

**크기** 30~100cm
**홀씨 맺는 때** 7~9월
**자라는 곳** 산의
　　　　　　　양지바른 곳
**나물 할 때** 봄

▫ 이 때 나물 해도 된다(5월 10일).

▫ 꺾은 고사리(4월 21일).

▫ 자란 잎(4월 27일).

▫ 말린 고사리(5월 20일).

▫ 고사리 나물(6월 27일).

□ 꽃과 열매(5월 21일).　　　□ 나물 하기 좋은 때(4월 3일).

## 수영 (마디풀과)

줄기와 잎에서 신맛이 난다. 싱아랑 맛이 비슷해서
개싱아, 괴싱아라고도 한다. 소리쟁이와 닮았는데,
어린잎은 붉은빛이 돈다. 잎과 잎자루를 다른 나물
과 섞어 샐러드로 만들면 입맛을 돋운다. 겉절이에
넣어도 맛있다. 줄기는 꺾어서 그냥 먹기도 하고,
뿌리는 위장 질환이나 관절염 등에 약으로 쓴다.

| 여러해살이풀 |
| --- |
| **크기** 30~80cm |
| **꽃 피는 때** 5~6월 |
| **자라는 곳** 들, 산기슭 |
| **나물 할 때** 봄 |

□ 싹(3월 14일).

□ 뜯은 나물(4월 14일).

□ 꺾은 줄기(4월 14일).

□ 줄기 올라오는 모습(4월 14일).

□ 수영 겉절이(4월 15일).

□ 나물 하기 좋은 때(5월 28일).

□ 줄기 꺾어 먹기 좋은 때(6월 11일).

□ 자란 모습(7월 23일).

## 싱아(마디풀과)

줄기와 잎에서 신맛이 난다. 위에서 가지가 갈라지고, 자잘한 꽃이 모여 핀다. 잎은 뾰족하고 가장자리가 물결 무늬다. 어린잎은 다른 산나물과 같이 데쳐서 무쳐 먹는다. 쌈에 넣기도 하고, 생으로 무치기도 한다. 연한 줄기를 찔레처럼 꺾어 먹어도 맛있다.

**여러해살이풀**

**크기** 100cm 정도
**꽃 피는 때** 6~8월
**자라는 곳** 산
**나물 할 때** 봄

□ 꽃 핀 모습(7월 23일).

□ 가지가 갈라진 모습(7월 27일).

□ 나물 하기 좋은 때(5월 5일).

□ 잎이 갸름한 범꼬리 종류(4월 11일).

□ 범꼬리 종류 뜯은 나물(4월 15일).

## 범꼬리(마디풀과)

꽃이 범 꼬리를 닮아서 범꼬리다. 이파리도 짐승 꼬리 모양을 닮았다. 뿌리잎은 가운데 잎맥이 희고 뚜렷하며, 잎자루에 날개가 있다. 줄기잎은 잎자루가 없고, 아래가 넓어져 줄기를 감싼다. 어린잎과 줄기를 생으로 먹어도 되고, 데쳐서 무치거나, 묵나물로 먹는다.

여러해살이풀

**크기** 30~80cm
**꽃 피는 때** 6~8월
**자라는 곳** 깊은 산 풀밭
**나물 할 때** 봄

ㅁ 꽃 핀 모습(6월 26일).

ㅁ 줄기 올라오는 모습(6월 26일).

꽃 핀 모습(6월 25일).　　나물 하기 좋은 때(4월 20일).

## 호장근 (마디풀과)

줄기가 호랑이 가죽 같다 해서 호장근이다. 범싱아,
감제풀이라고도 한다. 줄기가 굵고 잎도 커서 언뜻
보면 나무 같지만 풀이다. 연한 줄기는 껍질을 벗기
고 생으로 먹는다. 껍질을 벗기고 데친 뒤 찬물에
담갔다가 버섯이나 고기, 멸치를 넣고 볶기도 한다.
갓 올라온 싹은 튀기거나, 데쳐서 볶아 먹는다.

| 여러해살이풀 |
| --- |
| **크기** 100~150cm |
| **꽃 피는 때** 6~8월 |
| **자라는 곳** 산과 들 |
| **나물 할 때** 봄 |

□ 싹(4월 20일).

□ 뜯은 나물(5월 3일).

□ 데친 나물(5월 3일).

□ 줄기가 굵게 올라오는 모습(4월 29일).

□ 호장근 버섯 볶음(5월 4일).

□ 개별꽃 나물 하기 좋은 때(4월 5일).

□ 개별꽃 꽃 핀 모습(4월 12일).

□ 개별꽃 종류 싹(4월 2일).

## 개별꽃⊃큰개별꽃(석죽과)

**여러해살이풀**

**크기** 8~15cm
**꽃 피는 때** 3~5월
**자라는 곳** 산의 숲
**나물 할 때** 봄

꽃이 별 모양을 닮았다. 작은 인삼 모양 덩이뿌리가
달리는데, 타자삼이라 한다. 전체를 위장약으로 쓰
고, 어린순은 생으로 먹는다. 다른 산나물과 섞어서
데친 다음 간장이나 된장, 고추장에 무쳐 먹는다.
가을에 캔 뿌리를 말려서 달여 마시면 위암이나 폐
암 치료에 좋다고 한다.

□ 개별꽃 드러난 뿌리(3월 21일).

□ 큰개별꽃 꽃 핀 모습(3월 17일).

□ 꽃 진 뒤 잎이 넓어진 모습(4월 18일).

□ 개별꽃과 봄나물 겉절이 할 것(3월 23일).

▫ 나물 하기 좋은 때(4월 21일).

▫ 꽃 핀 모습(8월 24일).

▫ 자란 모습(5월 31일).

## 물레나물(물레나물과)

여러해살이풀

크기 50~80cm
꽃 피는 때 6~8월
자라는 곳 산, 들
나물 할 때 봄~초여름

꽃잎이 물레방아 돌아가듯 나서 물레나물이다. 잎은 마주나고 고추나물과 비슷한데, 전체가 고추나물보다 크다. 잎도 길고, 꽃도 훨씬 크다. 잎 아래가 줄기를 감싼다. 전체를 부스럼과 두통, 고혈압에 약으로 쓴다. 어린순을 다른 나물과 같이 데쳐서 고추장이나 된장, 간장에 무쳐 먹는다.

□ 꽃 핀 모습(8월 13일).

□ 열매(9월 4일).

□ 나물 하기 좋은 때(5월 30일).

**여러해살이풀**

**크기** 20~60cm
**꽃 피는 때** 7~8월
**자라는 곳** 산과 들의
축축한 곳
**나물 할 때** 봄~초여름

## 고추나물(물레나물과)

열매가 고추를 닮았고, 어린순을 나물 해 먹어서 고추나물이다. 고추보다 작은 열매가 하늘을 보고 달리며, 마주나는 잎이 깔끔하다. 줄기는 곧게 서다가 윗부분에서 갈라진다. 잎을 햇빛에 비추면 검은 점들이 보인다. 어린순을 다른 산나물과 같이 데쳐서 무쳐 먹는다.

□ 나물 하기 좋은 때(4월 20일).

□ 꽃 핀 모습(4월 25일).

□ 자란 모습(4월 22일).

## 금낭화 (현호색과)

비단 주머니같이 생긴 꽃이 달려 비단 금, 주머니 낭을 써서 금낭화다. 며느리주머니꽃이라고도 한다. 독이 있지만, 어린순을 데쳐서 찬물에 여러 번 우려 내고 초고추장에 찍어 먹거나 무쳐 먹는다. 묵나물로 먹기도 하고, 전체를 타박상에 약으로 쓴다. 꽃이 고와서 심어 가꾸기도 한다.

**여러해살이풀**

**크기** 40~60cm
**꽃 피는 때** 4~6월
**자라는 곳** 산골짜기
**나물 할 때** 봄

□ 나물 하기 좋은 때(4월 29일).

□ 싹(3월 28일).

□ 꽃 핀 모습(4월 29일).

| 여러해살이풀 |
| --- |

**크기** 30~50cm
**꽃 피는 때** 5~8월
**자라는 곳** 산의 축축한
골짜기
**나물 할 때** 봄

## 눈쟁이냉이(십자화과)

잎이 숟가락같이 생겼다고 숟가락냉이, 톡 쏘는 맛이 갓을 닮아 산에서 나는 갓이라고 산갓이라고도 한다. 산갓물김치를 담그면 매콤하고 톡 쏘는 맛이 개운하다. 생으로 쌈 싸 먹고, 부드러운 순을 데쳐서 무치기도 한다. 꽃봉오리가 맺혔을 때도 먹을 수 있지만, 꽃이 피면 먹지 않는다.

□ 나물 하기 좋은 때(4월 5일).

□ 싹(3월 17일)

□ 꽃이 맺힌 모습(4월 21일).

## 미나리냉이 (십자화과)

잎이 미나리를 닮았고, 꽃은 냉이를 닮아 미나리냉이이다. 삼베 짜는 삼 잎을 닮았고, 나물 해 먹어서 삼나물이라고도 한다. 어린순을 데쳐서 무치거나, 묵나물로 먹는다. 같은 때 나는 까실쑥부쟁이 등과 섞어 먹으면 더 맛있다. 산의 골짜기 쪽에 무리지어자란다.

**여러해살이풀**

**크기** 50cm 정도
**꽃 피는 때** 4월 말~7월
**자라는 곳** 산의 물가, 축축한 곳
**나물 할 때** 봄

□ 무리지어 핀 꽃(4월 27일).

□ 뜯은 나물(4월 21일).

□ 나물 하기 좋은 때(4월 11일).

## 노란장대 (십자화과)

여러해살이풀

잎이 무 잎처럼 갈라져 무시나물이라고도 한다. 뿌리잎과 줄기잎이 많이 다르다. 이른 봄, 다른 산나물이 돋지 않았을 때도 산에 가면 노란장대를 만날 수 있다. 부드러운 잎과 순을 데쳐서 된장이나 간장에 무쳐 먹고, 무친 나물을 생선 밑에 깔고 조리기도 한다. 묵나물로 먹어도 맛있다.

**크기** 70~120cm
**꽃 피는 때** 5~6월
**자라는 곳** 산의 골짜기
**나물 할 때** 봄

□ 꽃 핀 모습(5월 19일).

□ 자란 모습(4월 21일).

□ 이 때도 나물 하기 좋다(4월 11일).

□ 뜯은 나물(4월 11일).

□ 노란장대를 깔고 조린 생선(4월 12일).

43

▫ 나물 하기 좋은 때(4월 14일).

▫ 뿌리잎(3월 12일).

▫ 순이 자라기 시작한 모습(3월 29일).

## 장대나물(십자화과)

꽃줄기가 장대처럼 길게 올라와서 장대나물이다. 깃대나물이라고도 한다. 뿌리잎과 줄기잎이 다르다. 뿌리잎 사이에서 줄기가 올라올 때 어린순을 나물 하면 부드럽고 맛있다. 데쳐서 초고추장에 무치거나, 다른 산나물과 섞어 무치면 된다.

**두해살이풀**

**크기** 40~100cm
**꽃 피는 때** 4~6월
**자라는 곳** 산과 들의
　　　　　　양지쪽 풀밭
**나물 할 때** 봄

□ 꽃 핀 모습(4월 21일).

□ 열매(5월 18일).

□ 나물 하기 좋은 때(4월 14일).

## 기린초(돌나물과)

어린순이 올라올 때 꽃처럼 예쁘다. 꽃이 돌나물같
이 생겼는데, 예뻐서 심어 가꾸기도 한다. 어린순을
데쳐서 초고추장이나 된장에 무쳐 먹는다. 데친 나
물을 소금과 참기름으로 간한 다음 김밥에 넣으면
색깔도 예쁘고 맛도 좋다. 조물조물 무친 나물을 비
빔밥에 넣어도 맛있다.

| 여러해살이풀 |
| --- |

**크기** 30cm 정도
**꽃 피는 때** 6~7월
**자라는 곳** 산의 풀밭과
　　　　　　바위 틈
**나물 할 때** 봄

46

□ 싹(2월 28일).

□ 꽃 핀 모습(6월 9일).

□ 나물 하기 좋은 때(4월 16일).

□ 뜯은 나물(4월 14일).

□ 나물 하기 좋은 때(4월 17일).

## 바위취 (범의귀과)

바위 틈에서 잘 자라 바위취다. 꽃이 곱고, 잎도 사철 푸르러 심어 가꾸기도 한다. 하얀 잎맥이 보이는 깔끔한 잎은 두껍고 털이 많다. 부드러운 잎을 따서 쌈으로 먹거나, 겉절이를 만든다. 데쳐서 무치기도 하고, 튀김을 해도 맛있다. 꽃을 따서 밥에 얹어 꽃밥을 만들어도 좋다.

**여러해살이풀**

**크기** 60cm 정도
**꽃 피는 때** 5월
**자라는 곳** 축축한 곳
**나물 할 때** 봄~여름

□ 꽃 핀 모습(5월 30일).

□ 바위취 쌈(6월 15일).

□ 바위취 꽃밥(6월 15일).

□ 바위취 잎 튀김(7월 15일).

□ 나물 하기 좋은 때(4월 6일).

## 큰뱀무 (장미과)

부드러운 잎과 어린순을 데쳐서 우려낸 다음 무쳐
먹는다. 잎이 넓어 데쳐서 쌈으로 먹어도 된다. 무
친 나물을 비빔밥에 넣거나, 된장국을 끓이기도 한
다. 뿌리는 생으로 된장이나 고추장에 박아 장아찌
를 만든다. 한방에서는 전체를 이뇨제로 쓴다.

**여러해살이풀**

**크기** 30~100cm
**꽃 피는 때** 6~7월
**자라는 곳** 산, 들
**나물 할 때** 봄

▫ 자란 모습(5월 16일).

▫ 꽃 핀 모습(7월 9일).

▫ 뜯은 나물(4월 9일).

▫ 데친 나물(5월 3일).

□ 나물 하기 좋은 때(5월 11일).

## 터리풀 (장미과)

전체에 털이 거의 없고, 손바닥 모양 잎이 3~7갈래로 갈라진다. 연한 잎과 어린순을 데쳐서 된장이나 간장, 고추장에 무쳐 먹는다. 데쳐서 쌈이나 묵나물로 먹기도 한다. 장아찌를 만들어도 맛있다. 붉은 꽃이 피는 지리터리풀도 같은 방법으로 먹는다.

### 여러해살이풀

**크기** 100cm 정도
**꽃 피는 때** 6~8월
**자라는 곳** 깊은 산
　　　　　풀밭이나
　　　　　숲 속
**나물 할 때** 봄~초여름

□ 이 때도 어린잎은 나물 하기 좋다(6월 11일).

□ 꽃 핀 모습(7월 23일).

□ 꽃이 지는 모습(7월 23일).

□ 뜯은 나물(5월 25일).

□ 데친 쌈(5월 26일).

□ 터리풀 장아찌(6월 26일).

□ 나물 하기 좋은 때(4월 6일).

□ 꽃 핀 모습(8월 13일).

□ 뜯은 나물(3월 6일).

□ 오이풀과 봄나물 겉절이(3월 23일).

## 오이풀(장미과)

잎을 비비면 오이 냄새가 나서 오이풀이다. 작은 잎
이 접힌 채 고개를 숙이고 올라온다. 어린잎을 겉절
이 하거나, 쌈으로 먹는다. 다른 산나물과 같이 데
쳐서 된장이나 간장에 무치기도 한다. 잎이 금방
쇠므로 막 나와 접혀 있을 때 먹는다.

### 여러해살이풀

**크기** 30~150cm
**꽃 피는 때** 7~10월
**자라는 곳** 산과 들
**나물 할 때** 봄

□ 나물 하기 좋은 때(4월 15일).

□ 자란 잎(6월 11일).

□ 꽃 핀 모습(7월 23일).

**여러해살이풀**

**크기** 30~80cm
**꽃 피는 때** 8~9월
**자라는 곳** 높은 산
**나물 할 때** 봄

# 산오이풀(장미과)

산에서 자라고, 잎에서 오이 냄새가 나 산오이풀이다. 오이풀보다 꽃이 화사하고 꽃차례가 크며, 아래로 늘어진다. 높은 산에서 뿌리줄기가 옆으로 뻗으며 자라 무리를 이룬다. 싹이 날 때 오이풀처럼 작은 잎이 포개어 나와 자라면서 펴진다. 어린잎을 생으로 먹거나, 데쳐서 무쳐 먹는다.

□ 뿌리잎(4월 6일).   □ 나물 하기 좋은 때(3월 27일).

## 짚신나물(장미과)

갈고리 같은 털이 있는 열매가 짚신에 달라붙어 먼
곳까지 퍼졌다 해서 짚신나물이다. 선학초라고도
한다. 전체를 암 치료와 지혈 등에 약으로 쓴다. 어
린잎은 나물 해 먹는다. 갓 올라왔을 때가 부드럽고
맛있다. 보드라울 때 다른 나물과 같이 데쳐서 무치
거나 국을 끓인다.

여러해살이풀

**크기** 30~100cm
**꽃 피는 때** 6~8월
**자라는 곳** 산과 들의
　　　　　풀밭
**나물 할 때** 봄

56

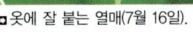
□ 꽃 핀 모습(7월 16일).

□ 어린잎(4월 14일).

□ 옷에 잘 붙는 열매(7월 16일).

□ 뜯은 나물(4월 14일).

□ 나물 하기 좋은 때(4월 12일).

□ 꽃 핀 모습(8월 30일).

□ 뜯은 나물(4월 12일).

## 나비나물 (콩과)

잎이 나비 모양을 닮아 나비나물이다. 턱잎도 나비
모양을 닮았다. 어린잎이 콩 순을 닮아 콩대가리나
물이라고도 한다. 꽃이 지면 콩처럼 꼬투리가 달린
다. 낮은 산 풀밭이나 들의 풀밭에서 자라는 나물이
다. 어린순을 다른 산나물과 데쳐서 간장이나 된장
에 무치거나, 된장국을 끓여 먹는다.

**여러해살이풀**

**크기** 30∼100cm
**꽃 피는 때** 6∼9월
**자라는 곳** 산과 들
**나물 할 때** 봄

□ 나물 하기 좋은 때(4월 20일).

□ 꽃 핀 모습(7월 6일).

□ 열매 맺은 모습(7월 26일).

<table>
<tr><td colspan="2" align="center">**여러해살이풀**</td></tr>
</table>

**크기** 80~120cm
**꽃 피는 때** 7~8월
**자라는 곳** 산과 들
**나물 할 때** 봄

## 활량나물(콩과)

어린순이 올라올 때 보면 콩이 자라는 것과 비슷해 콩대라고도 한다. 꽃이 피면 작은 장화를 조랑조랑 매단 것 같다. 꽃은 노란빛이다가 서서히 갈색이 짙어진다. 어린순을 데쳐서 돌돌 말아 초고추장에 찍어 먹거나, 다른 나물과 같이 데쳐서 된장이나 고추장에 무쳐 먹는다.

□ 전체 모습(4월 17일).

## 애기괭이밥 (괭이밥과)

여러해살이풀

**크기** 5~8cm
**꽃 피는 때** 5~6월
**자라는 곳** 깊은 산의
　　　　　골짜기
**나물 할 때** 봄

괭이밥, 큰괭이밥하고 맛이 닮았다. 잎은 괭이밥처럼 거꾸로 된 심장 모양이다. 괭이밥 종류는 잎과 줄기에서 신맛이 나 먹으면 침이 고이고, 소화를 도와 준다. 어린잎을 생으로 먹거나, 다른 나물과 같이 데쳐서 무쳐 먹는다. 잎을 비빔밥에 2~3장 얹어 먹으면 소화도 잘 되고 맛도 좋다.

□ 나물 하기 좋은 때(4월 21일).

□ 꽃이 활짝 피기 전 모습(3월 31일).

□ 꽃 핀 모습(3월 29일).

**여러해살이풀**

**크기** 10~20cm
**꽃 피는 때** 4~5월
**자라는 곳** 깊은 산
　　　　　　숲 속
**나물 할 때** 봄

## 큰괭이밥 (괭이밥과)

괭이밥보다 크고, 잎 끝을 가위로 자른 것 같다. 꽃도 괭이밥보다 크고 흰데, 실핏줄같이 붉은 줄이 선명하다. 부드러운 잎을 비빔밥에 넣거나, 겉절이를 한다. 다른 산나물과 같이 데쳐서 무쳐 먹기도 한다. 신맛이 나서 목이 마를 때 한 잎 씹으면 침이 고인다.

□ 나물 하기 좋은 때(4월 11일).

□ 꽃 핀 모습(5월 6일).

□ 뜯은 나물(4월 11일).

## 졸방제비꽃(제비꽃과)

잎은 심장 모양이고 끝이 뾰족하다. 잎이 쪽박을 닮아 쪽박나물이라고도 한다. 제비꽃 가운데 원줄기가 있는 종류라 나물을 하면 잘 불어나는 편이다. 어린순을 데쳐서 간장이나 된장, 고추장에 무쳐 먹는다. 같은 때 나는 이고들빼기나 다른 산나물과 섞어 먹으면 더 맛있다.

**여러해살이풀**

**크기** 15~30cm
**꽃 피는 때** 5~6월
**자라는 곳** 산의 축축한 응달
**나물 할 때** 봄

□ 전체 모습(4월 6일).　　　　　　　　　　□ 뜯은 나물(4월 12일).

**여러해살이풀**

**크기** 15cm 정도
**꽃 피는 때** 3월 말~
　　　　　 5월
**자라는 곳** 산
**나물 할 때** 봄

## 남산제비꽃(제비꽃과)

앞산이나 뒷산에서 흔히 볼 수 있으며, 꽃 향기가 좋다. 이른 봄 산길을 따라 걷다 보면 가랑잎을 비집고 올라와 핀 게 눈에 띈다. 어린잎은 잘게 갈라지고, 자라면서 단풍잎처럼 넓어진다. 부드러운 잎을 뜯어 겉절이를 하거나, 쌈으로 먹는다. 데쳐서 무쳐도 맛있다.

□ 나물 하기 좋은 때(4월 11일).

□ 꽃 핀 모습(4월 14일).

□ 뜯은 나물(4월 12일).

## 고깔제비꽃 (제비꽃과)

잎이 고깔처럼 말려서 나온다고 고깔제비꽃이다.
자라면 펴져서 심장 모양이 된다. 꽃이 피기 전이나
피고 나서 부드러운 잎으로 쌈이나 겉절이를 해 먹
는다. 데쳐서 무쳐도 맛있다. 제비꽃 종류는 대개
먹을 수 있는데, 잎과 줄기가 연해 약한 불에 데쳐
야 맛이 좋다.

| 여러해살이풀 | |
| --- | --- |
| **크기** | 15cm 정도 |
| **꽃 피는 때** | 4~5월 |
| **자라는 곳** | 산의 숲 속 |
| **나물 할 때** | 봄 |

□ 나물 하기 좋은 때(4월 6일).

□ 꽃 핀 모습(4월 27일).

□ 뜯은 나물(4월 12일).

여러해살이풀

**크기** 7~15cm
**꽃 피는 때** 4~5월
**자라는 곳** 들과 산기슭
　　　　　　 축축한 곳
**나물 할 때** 봄

## 콩제비꽃(제비꽃과)

뿌리잎이 콩팥 모양을 닮았고, 말린 듯 나와 자란다. 잎 가장자리에 톱니가 고르다. 제비꽃 종류 가운데 꽃이 작은 편이고, 원줄기가 있다. 어린순을 다른 나물과 데쳐서 된장이나 간장, 고추장에 무쳐 먹는다. 된장과 고추장을 넣고 무쳐서 생선 조릴 때 깔아도 맛있다.

▣ 나물 하기 좋은 때(5월 10일).

## 땅두릅 (두릅나무과)

독활이라고도 한다. 작은 나무처럼 보이지만 풀이며, 밭에 심어 가꾸기도 한다. 전체에 털이 있다. 봄에 올라오는 새순을 데쳐서 초고추장에 찍어 먹기도 하고, 무쳐 먹기도 한다. 튀김이나 전을 만들어도 좋다. 묵나물로 먹어도 향이 독특하다. 뿌리는 두통, 중풍 등에 약으로 쓴다.

**여러해살이풀**

**크기** 150cm 정도
**꽃 피는 때** 7~8월
**자라는 곳** 산
**나물 할 때** 봄

ㅁ 자란 모습(5월 9일).

ㅁ 꽃 핀 모습(8월 20일).

ㅁ 열매(9월 25일).

ㅁ 뜯은 나물(5월 8일).

ㅁ 땅두릅 볶음(5월 9일).

ㅁ 웃자란 땅두릅 나물(6월 24일).

□ 나물 하기 좋은 때(6월 11일).

## 개시호 (산형과)

시호와 닮아서 개시호다. 전체가 커서 큰시호라고
도 한다. 어릴 때는 줄기잎과 뿌리잎이 크고 넓어서
알아보기 쉽지 않으며, 줄기잎은 원줄기를 감싼다.
어린잎과 부드러운 순은 다른 산나물과 같이 데쳐
서 무치거나, 쌈으로 먹는다. 뿌리는 열감기, 어지
럼증 등에 약으로 쓴다.

**여러해살이풀**

**크기** 50~130cm
**꽃 피는 때** 7~8월
**자라는 곳** 깊은 산
　　　　　나무 밑이나
　　　　　풀밭
**나물 할 때** 봄~초여름

□ 싹(5월 4일).

□ 꽃 핀 모습(7월 28일).

□ 줄기가 올라온 모습(5월 7일).

□ 자란 모습(6월 26일).

□ 나물 하기 좋은 때(4월 11일).

## 참반디 (산형과)

여러해살이풀

산의 나무 그늘 아래에서 자란다. 뿌리잎은 잎자루
가 길고, 줄기잎은 잎자루가 짧다. 뿌리는 이뇨제와
해열제 등으로 쓰고, 잎과 어린순을 쌈이나 겉절이
를 해 먹는다. 다른 산나물과 같이 데쳐서 간장이나
된장에 무쳐도 맛있다. 열매는 겉에 굽은 가시가 있
어 동물 털에 잘 붙는다.

**크기** 15~100cm
**꽃 피는 때** 7월
**자라는 곳** 산의 숲 속
**나물 할 때** 봄

□ 이 때도 나물 하기 좋다(4월 2일).

□ 꽃 핀 전체 모습(7월 27일).

□ 꽃(6월 16일).

□ 열매(9월 4일).

□ 익은 열매(11월 26일).

□ 뜯은 나물(4월 11일).

## 파드득나물(산형과)

반디나물이라고도 한다. 참나물을 닮았고 향도 좋
아 참나물이라 해서 팔기도 한다. 식당에서 쌈이나
무침으로 흔히 나온다. 부드러운 잎과 어린순으로
쌈이나 겉절이를 해 먹는다. 데쳐서 간장이나 다른
양념으로 무쳐도 향긋하다. 심어 가꾸기도 한다.

**여러해살이풀**

**크기** 30~60cm
**꽃 피는 때** 6~7월
**자라는 곳** 산의 숲 속
**나물 할 때** 봄

▫ 꽃 핀 모습(6월 8일).

▫ 나물 하기 좋은 때(5월 9일).

▫ 뜯은 나물(5월 31일).

▫ 파드득나물 무침(6월 4일).

ㅁ 참나물 나물 하기 좋은 때(4월 21일).

## 참나물⊃노루참나물, 큰참나물(산형과)

나물 가운데 맛과 향이 으뜸이라고 참나물이다. 쌈을 싸 먹거나, 된장이나 초고추장을 찍어 먹어도 되고, 겉절이로 무쳐도 맛있다. 데쳐서 무치거나, 전에 넣어도 좋다. 묵나물로도 먹는다. 참나물에 드는 건 모두 향과 맛이 좋다. 노루참나물, 큰참나물도 같은 방법으로 먹는다.

**여러해살이풀**

**크기** 50~80cm
**꽃 피는 때** 6~8월
**자라는 곳** 산의 숲 속 응달
**나물 할 때** 봄

■ 노루참물 나물 하기 좋은 때(5월 7일).

■ 참나물 꽃 핀 모습(7월 28일).

■ 큰참나물 나물 하기 좋은 때(4월 11일).

■ 큰참나물 자란 모습(5월 19일).

■ 큰참나물 꽃(10월 2일).

■ 참나물 종류 뜯은 나물(4월 21일).

■ 나물 하기 좋은 때(5월 9일).

## 구릿대 (산형과)

여러해살이풀

키가 큰 나물로, 심어 가꾸기도 한다. 부드러운 잎
과 순을 데쳐서 초고추장이나 된장에 찍어 먹거나,
무쳐 먹는다. 독특한 맛과 향이 나 꽃 피기 전까지
연한 순을 나물로 먹는다. 생선 찌개에 넣으면 비린
내가 덜 나고 향긋하다. 뿌리는 진정 작용을 해서
두통이나 치통에 약으로 쓴다.

**크기** 100~200cm
**꽃 피는 때** 6~8월
**자라는 곳** 산골짜기
　　　　　물가
**나물 할 때** 봄~초여름

□ 꽃 핀 모습(8월 13일).

□ 연한 잎은 나물 할 수 있다(5월 19일).

□ 뜯은 나물(5월 25일).

□ 구릿대 나물(5월 30일).

77

□ 나물 하기 좋은 때(4월 11일).

## 바디나물(산형과)

까막발나물이라고도 한다. 작은 잎 세 장으로 된 잎도 있고, 여러 장인 것도 있으며, 새 깃처럼 갈라진 것도 있다. 부드러운 잎과 순을 쌈이나 겉절이를 만들어 먹는다. 데쳐서 무쳐도 맛있다. 진달래처럼 예쁘게 전을 부쳐도 좋고, 갈아서 부쳐도 독특한 향이 난다.

**여러해살이풀**

**크기** 80~150cm
**꽃 피는 때** 8~9월
**자라는 곳** 산이나 들의 축축한 곳
**나물 할 때** 봄

□ 작은 잎 3장으로 된 것도 많다(4월 11일).

□ 줄기잎(6월 18일).

□ 꽃 핀 모습(9월 4일).

□ 뜯은 나물(4월 11일).

□ 바디나물 찹쌀전(4월 8일).

▫참당귀 꽃은 자줏빛(8월 24일).　　▫참당귀 나물 하기 좋은 때(5월 11일).

## 참당귀⊃왜당귀(산형과)

전체에 털이 없고, 줄기에 자줏빛이 돈다. 어린잎을
쌈으로 먹거나 겉절이를 한다. 데쳐서 무쳐도 향이
좋다. 간장이나 고추장에 박아 장아찌를 만들거나,
묵나물로도 먹는다. 뿌리는 당귀라 해서 월경 불순
과 당뇨병 등에 약으로 쓰며, 심어 가꾸기도 한다.
흰 꽃이 피는 왜당귀도 같은 방법으로 먹는다.

**여러해살이풀**

**크기** 100~200cm
**꽃 피는 때** 8~9월
**자라는 곳** 산골짝
　　　　　　축축한 곳
**나물 할 때** 봄

□ 참당귀 꽃 핀 모습(7월 27일).

□ 왜당귀 꽃은 흰빛(6월 1일).

□ 왜당귀 나물 하기 좋은 때(4월 25일).

□ 왜당귀 쌈(4월 15일).

□ 왜당귀 겉절이(4월 20일).

□ 참당귀 장아찌(7월 27일).

□ 나물 하기 좋은 때(4월 2일).

## 궁궁이 (산형과)

산골짜기 개울가에 자라서 도랑대라고도 한다. 천궁이라고도 하는데, 두통이나 어지럼증 등에 약으로 쓰기 위해 심어 가꾸는 걸 말한다. 연한 잎과 줄기를 생으로 먹거나 무쳐 먹는다. 데쳐서 무쳐도 향이 좋다. 잎이 커서 생으로나 데쳐서 쌈을 먹어도 맛있다.

□ 싹(4월 2일).

□ 꽃 핀 모습(9월 15일).

□ 이 때도 나물 하기 좋다(4월 20일).

□ 꽃이 맺힌 모습(8월 30일).

□ 뜯은 나물(4월 20일).

□ 궁궁이 겉절이(4월 20일).

▫ 나물 하기 좋은 때(3월 24일).

## 묏미나리(산형과)

여러해살이풀

미나리를 닮았고 산에서 자라 묏미나리다. 멧미나
리라고도 한다. 산골짜기 물가나 축축한 곳에서 자
란다. 어린잎과 순을 쌈으로 먹기도 하고, 양념을
해서 비빔밥에 넣어도 맛있다. 데쳐서 무쳐 먹기도
한다. 어릴 때는 잎자루와 줄기에 자줏빛이 도는데,
자라면서 점점 옅어진다.

**크기** 100cm 정도
**꽃 피는 때** 8~9월
**자라는 곳** 산골짜기
　　　　　 축축한 곳
**나물 할 때** 봄

84

□ 나물 하기 좋은 때(4월 20일).

□ 꽃 핀 모습(10월 3일).

□ 자란 잎(4월 20일).

□ 쇤 잎(4월 20일).

□ 여름 잎(6월 3일).

□ 뜯은 나물(4월 20일).

□ 기름나물 나물 하기 좋은 때(4월 14일).

## 기름나물⊃산기름나물(산형과)

새 깃 모양으로 갈라지는 잎이 향긋하고 고소하다.
그냥 먹어도 좋고, 데쳐서 무쳐도 맛있다. 잎과 줄
기는 기름을 바른 듯 반질반질하다. 연한 순은 꽃이
피기 전까지 먹을 수 있다. 뿌리는 석방풍이라 해서
기관지염, 중풍 등에 약으로 쓰며, 심어 가꾸기도
한다. 산기름나물도 같은 방법으로 먹는다.

**여러해살이풀**

**크기** 30~90cm
**꽃 피는 때** 7~9월
**자라는 곳** 산의 양지쪽
풀밭
**나물 할 때** 봄~초여름

□ 기름나물 자란 잎(5월 21일).

□ 기름나물 꽃 핀 모습(10월 11일).

□ 산기름나물 나물 하기 좋은 때(4월 28일).

□ 기름나물 줄기 올라온 모습(7월 16일).

□ 산기름나물 줄기잎과 꽃(8월 30일).

□ 데친 기름나물(4월 25일).

ㅁ 나물 하기 좋은 때(4월 17일).

## 어수리 (산형과)

잎이 큰 편이다. 어린잎과 순을 나물 해 먹는데, 향
과 맛이 좋고 쫄깃하다. 생으로 쌈 싸 먹기도 하고,
데쳐서 무치거나 쌈으로 먹어도 맛있다. 다른 산나
물과 섞어 무쳐도 맛이 잘 어우러진다. 데쳐서 된장
이나 고추장을 넣고 무쳐서 생선 조릴 때 깔아도 맛
있다. 밭에 심어 가꾸기도 한다.

**여러해살이풀**

**크기** 70~150cm
**꽃 피는 때** 7~8월
**자라는 곳** 산의 풀밭
**나물 할 때** 봄

□ 이 때도 나물 하기 좋다(4월 23일).

□ 꽃 핀 모습(7월 23일).

□ 자란 잎(6월 11일).

□ 자란 모습(7월 23일).

□ 꽃(7월 23일).

□ 뜯은 나물(4월 21일).

▫ 나물 하기 좋은 때(4월 17일).

## 큰까치수염 (앵초과)

큰까치수영, 개꼬리풀, 큰꽃꼬리풀이라고도 한다.
부드러운 잎과 어린순을 나물 해 먹는다. 신맛이 나
서 데친 다음 찬물에 우려낸다. 생으로 쌈을 싸 먹
거나, 총총 썰어 비빔밥에 넣기도 한다. 산에서 목
이 마를 때 한 잎 먹으면 침이 고인다. 전체를 인후
염, 타박상, 신경통 등에 약으로 쓴다.

**여러해살이풀**

**크기** 50~100cm
**꽃 피는 때** 6~8월
**자라는 곳** 산과 들
**나물 할 때** 봄~초여름

□ 꽃 핀 모습(7월 1일).

□ 나물 하기 좋은 연한 순(4월 20일).

□ 꽃 진 모습(9월 26일).

□ 자란 모습(5월 24일).

□ 마른 꽃차례(12월 25일).

□ 앵초 나물 하기 좋은 때(4월 1일).

## 앵초⊃큰앵초(앵초과)

잎과 줄기에 털이 많다. 오톨도톨한 잎 가장자리에
물결 무늬 톱니가 있다. 어린잎을 데쳐서 된장이나
간장에 무쳐 먹고, 된장국에 넣기도 한다. 꽃줄기
끝에 분홍빛 꽃이 모여 핀다. 꽃이 고와서 심어 가
꾸기도 한다. 큰앵초도 같은 방법으로 먹는다.

여러해살이풀

**크기** 15~40cm
**꽃 피는 때** 4~5월
**자라는 곳** 산의
축축한 곳
**나물 할 때** 봄

□ 앵초 꽃봉오리가 맺힌 모습(4월 19일).

□ 앵초 꽃 핀 모습(4월 19일).

□ 앵초 열매(5월 30일).

□ 큰앵초 꽃 핀 모습(5월 17일).

□ 큰앵초 잎(5월 7일).

□ 나물 하기 좋은 때(4월 6일).

## 꼭두서니(꼭두서니과)

뿌리로 꼭두색(빨간색)을 물들이는 풀이라고 꼭두
서니다. 줄기는 네모나고, 잎 네 장이 돌려난다. 어
린순을 데쳐서 쌈 싸 먹거나, 간장이나 된장에 무쳐
먹는다. 줄기와 잎자루, 잎 뒷면 맥 위에 짧은 가시
가 있지만 연할 때 데치면 부드럽다. 뿌리(천근)는
피를 토하거나 피똥이 나올 때 약으로 쓴다.

**여러해살이풀**

**크기** 100cm 정도
**꽃 피는 때** 6~8월
**자라는 곳** 숲 가
**나물 할 때** 봄

□ 꽃 핀 모습(9월 4일).

□ 꽃(8월 31일).

□ 열매(9월 2일).

□ 뜯은 나물(4월 12일).

■ 나물 하기 좋은 싹(3월 21일).

## 솔나물 (꼭두서니과)

잎이 솔잎을 닮아 솔나물이다. 양지바른 풀숲에서 무리지어 자라며, 여름에 자잘한 노란 꽃이 모여 핀다. 어린순을 다른 나물과 섞어 데쳐서 된장이나 간장에 무쳐도 되고, 쌈장에 찍어 먹어도 맛있다. 자라면 쇠어 먹지 않는다.

**여러해살이풀**

**크기** 50~100cm
**꽃 피는 때** 6~8월
**자라는 곳** 산과 들의 풀밭
**나물 할 때** 봄

▫ 꽃 핀 모습(6월 21일).

▫ 이 때도 나물 하기 좋다(4월 11일).

▫ 자란 모습(4월 14일).

▫ 뜯은 나물(4월 14일).

▫ 어린 모습(4월 21일).

▫ 꽃 핀 전체 모습(4월 21일). ▫ 꽃봉오리가 맺힌 모습(4월 21일). ▫ 아래쪽 잎(4월 21일).

## 당개지치 (지치과)

잎 5~6장이 줄기 위쪽에 촘촘해서 돌려난 것처럼
보인다. 중부 지방 위쪽뿐만 아니라 남부 지방에서
도 자란다. 전체를 신경통, 기침, 천식 등에 약으로
쓰며, 어린순은 데쳐서 무쳐 먹는다. 묵나물로도 먹
는데, 들기름을 두르고 볶으면 더 맛있다. 무리지어
자라는 곳에서 조금만 뜯는다.

**여러해살이풀**

**크기** 30~40cm
**꽃 피는 때** 4월 말~
6월
**자라는 곳** 산의 숲 속
**나물 할 때** 봄

98

□ 나물 하기 좋은 때(4월 5일).

□ 싹(3월 29일).

□ 꽃 핀 모습(4월 27일).

□ 뜯은 나물(4월 12일).

**여러해살이풀**

**크기** 7~20cm
**꽃 피는 때** 4월 말~
6월
**자라는 곳** 산이나 들
**나물 할 때** 봄

# 덩굴꽃마리(지치과)

꽃마리랑 닮았는데 덩굴로 자라서 덩굴꽃마리다. 꽃과 잎이 꽃마리보다 훨씬 크다. 산이나 들의 기름진 곳에 자란다. 꽃은 연한 하늘빛, 흰빛, 연분홍빛을 띤다. 꽃이 줄기 위쪽에 총상화서로 조르르 달리는 게 참꽃마리와 다르다. 어린잎과 순을 생으로 먹거나 데쳐서 무쳐 먹는다.

□ 나물 하기 좋은 때(4월 23일).

□ 꽃 핀 모습(6월 11일).　　　□ 싹(5월 10일).　　　□ 자란 모습(6월 11일).

## 참꽃마리 (지치과)

꽃이 꽃마리를 닮았는데, 전체가 훨씬 크다. 산이나 들의 습한 곳에서 자란다. 덩굴꽃마리와 더 많이 닮았는데, 꽃이 잎겨드랑이나 줄기 중간에 달리는 게 다르다. 덩굴꽃마리는 줄기 위쪽에 꽃이 모여 총상 화서로 핀다. 어린잎과 순을 겉절이 하거나, 다른 나물과 데쳐서 무쳐 먹는다.

**여러해살이풀**

**크기** 10~15cm
**꽃 피는 때** 4~7월
**자라는 곳** 산이나 들의 축축한 곳
**나물 할 때** 봄

□ 꽃 핀 모습(5월 29일).

□ 나물 하기 좋은 때(4월 11일).

□ 자란 모습(4월 20일).

□ 꽃이 지고 마른 모습(6월 21일).

□ 뜯은 나물(4월 19일).

## 여러해살이풀

**크기** 15~30cm
**꽃 피는 때** 5~7월
**자라는 곳** 산과 들의
　　　　　　풀밭
**나물 할 때** 봄

# 꿀풀(꿀풀과)

꽃을 뽑아 밑 부분을 빨면 달콤한 꿀이 나와서 꿀풀이다. 꿀방망이라고도 하며, 줄기에 보랏빛 도는 어린순이 가지 순을 닮아 가지나물이라고도 한다. 산길이나 무덤 가에서 잘 자란다. 줄기와 잎은 고혈압에 약으로 쓰고, 차로 마시기도 한다. 어린 줄기와 잎을 데쳐서 된장이나 간장에 무쳐 먹는다.

□ 나물 하기 좋은 때(4월 2일).

## 벌깨덩굴(꿀풀과)

이른 봄에 뜯는 산나물 가운데 하나다. 산기슭 골짜기에 무리지어 자란다. 덩굴로 자라고 방아(배초향) 잎을 닮아 줄방아나물이라고도 한다. 꽃이 피기 전까지 어린순을 데쳐서 된장이나 간장, 고추장에 무쳐 먹는다. 맛이 부드럽고 향기도 좋다. 꽃봉오리가 벙글어지면 먹지 않는다.

**여러해살이풀**

**크기** 15~30cm
**꽃 피는 때** 5~6월
**자라는 곳** 산기슭 응달
**나물 할 때** 봄

□ 이 때도 나물 하기 좋다(3월 23일).

□ 꽃 핀 모습(4월 20일).

□ 이 때도 나물 하기 좋다(4월 11일).

□ 덩굴로 자란 모습(7월 9일).

□ 뜯은 나물(4월 11일).

□ 벌깨덩굴 나물(4월 6일).

□ 나물 하기 좋은 때(4월 17일).

## 광대수염 (꿀풀과)

꽃이 광대나물을 닮았고, 꽃받침에 난 털이 수염 같아 광대수염이다. 낮은 산이나 들의 축축한 곳에 자란다. 꽃봉오리가 맺히기 전에 부드러운 잎과 줄기를 데쳐서 된장이나 간장에 무쳐 먹는다. 데쳐서 들기름에 볶기도 하고, 생선을 조릴 때 깔아도 맛있다. 묵나물로도 먹는다.

| 여러해살이풀 | |
|---|---|
| **크기** | 30~50cm |
| **꽃 피는 때** | 4월 말~6월 |
| **자라는 곳** | 산과 들의 축축한 곳 |
| **나물 할 때** | 봄 |

□ 싹(3월 19일).

□ 꽃 핀 모습(4월 21일).

□ 자란 모습(4월 21일).

□ 뜯은 나물(4월 17일).

□ 쉽싸리 나물 하기 좋은 때(5월 7일).

## 쉽싸리 ⊃ 애기쉽싸리 (꿀풀과)

여러해살이풀

쉽사리라고도 한다. 곧게 서는 줄기가 네모나고, 흰
털이 있다. 잎은 마주나고, 가장자리에 톱니가 고르
다. 희고 자잘한 꽃이 잎겨드랑이에 돌려 핀다. 어
린순을 다른 나물과 데쳐서 무치면 맛있다. 쉽싸리
보다 조금 작고 마디 부분에만 털이 있는 애기쉽싸
리도 같은 방법으로 먹는다.

**크기** 100cm 정도
**꽃 피는 때** 6~8월
**자라는 곳** 습지 둘레
**나물 할 때** 봄

□ 쉽싸리 싹(4월 1일).

□ 쉽싸리 꽃 핀 모습(8월 9일).

□ 애기쉽싸리 순(6월 15일).

□ 애기쉽싸리 꽃(8월 2일).

■ 나물 하기 좋은 때(5월 11일).

## 속단(꿀풀과)

뿌리줄기를 약으로 쓰면 뼈가 끊어졌을 때 이어준
다고 이을 속, 끊을 단을 써서 속단이다. 숲 속 나무
그늘에서 잘 자라는데, 나물 할 무렵에 보면 잎이
큰 편이다. 위쪽으로 자랄수록 잎이 작아진다. 꽃에
는 보드라운 털이 많다. 어린순을 데쳐서 쌈으로 먹
기도 하고, 장아찌를 담거나 무쳐 먹는다.

여러해살이풀

**크기** 100cm 정도
**꽃 피는 때** 7월
**자라는 곳** 산
**나물 할 때** 봄

꽃 핀 전체 모습(7월 23일).

이 때도 나물 하기 좋다(4월 25일).

자라는 모습(5월 3일).

■ 송이풀 종류 나물 하기 좋은 때(5월 30일).

## 송이풀⊃마주송이풀(현삼과)

꽃이 줄기 끝에 뒤틀어지듯 돌려 핀다. 잎은 어긋나고, 가장자리에 톱니가 고르다. 줄기는 모여난다. 어린순을 데쳐서 간장이나 된장에 무치거나, 국을 끓여 먹는다. 다른 산나물과 섞어서 무쳐도 맛이 잘 어우러진다. 잎이 마주난 마주송이풀도 같은 방법으로 먹는다.

여러해살이풀

**크기** 30~70cm
**꽃 피는 때** 8~9월
**자라는 곳** 깊은 산 풀밭
**나물 할 때** 봄

110

□ 잎이 마주난 마주송이풀(6월 11일).

□ 송이풀 꽃 핀 모습(8월 24일).

□ 송이풀 꽃봉오리가 맺힌 모습(8월 24일).

□ 송이풀 꽃 핀 전체 모습(8월 24일).

□ 나물 하기 좋은 때(4월 20일).

## 뚝갈(마타리과)

여러해살이풀

**크기** 80~100cm
**꽃 피는 때** 8~10월
**자라는 곳** 산과 들의
          풀밭
**나물 할 때** 봄

잎에 흰 털이 많다. 마타리와 닮았는데, 흰 꽃이 핀
다. 봄에 돋는 어린잎과 순을 다른 산나물과 데쳐서
무치거나, 묵나물로 먹는다. 뿌리에서 장 썩는 냄새
가 나며, 흰 꽃이 핀다고 백화패장이라 한다. 뿌리
는 진통제, 해독제 등으로 쓴다.

▫ 이 때도 나물 하기 좋다(5월 7일).

▫ 꽃 핀 모습(9월 25일).

▫ 잎이 갈라진 모습(4월 18일).

▫ 여름 모습(7월 1일).

▫ 뜯은 나물(4월 30일).

▫ 뚝갈 나물(4월 30일).

■ 나물 하기 좋은 때(4월 14일).

## 마타리(마타리과)

자잘한 노란 꽃이 우산 살 모양으로 모여 핀다. 잎이 뚝갈과 비슷한데, 갈라진 것도 있고 갈라지지 않은 것도 있다. 잎과 어린순을 다른 산나물과 데쳐서 무치거나, 된장국을 끓여 먹는다. 뿌리에서 장 썩는 냄새가 나며, 노란 꽃이 핀다고 황화패장이라 한다.

**여러해살이풀**

**크기** 60~150cm
**꽃 피는 때** 7월 말~
10월
**자라는 곳** 산과 들의
풀밭
**나물 할 때** 봄

□ 꽃(8월 13일).

□ 이 때도 나물 하기 좋다(4월 16일). □ 자란 모습(5월 31일). □ 여름 잎(6월 17일).

■ 나물 하기 좋은 때(5월 4일).

## 쥐오줌풀(마타리과)

뿌리에서 쥐 오줌 냄새가 난다고 쥐오줌풀이다. 바구니나물, 꽃 달린 어린순을 나물 해 먹어서 꽃나물이라고도 한다. 어린순을 데쳐서 된장이나 고추장에 무치거나, 무친 나물을 생선 조릴 때 깔아도 맛있다. 약하지만 독이 있으므로 데쳐서 우려내고 먹는다.

**크기** 40~80cm
**꽃 피는 때** 5~8월
**자라는 곳** 산의
　　　　　풀밭이나
　　　　　응달
**나물 할 때** 봄

116

▫ 자라는 모습(5월 7일).

▫ 꽃 핀 모습(5월 9일).

▫ 꽃봉오리가 맺힌 모습(5월 7일).

▫ 자란 모습(4월 29일).

□ 나물 하기 좋은 때(4월 6일).

## 모시대 (초롱꽃과)

| | 여러해살이풀 |
|---|---|

모싯대, 뿌리를 잔대처럼 먹을 수 있어 모시잔대라
고도 한다. 잎은 윤기가 나고 끝이 뾰족하며, 톱니
가 날카롭다. 잎과 어린순은 데쳐서 된장이나 간장
에 무쳐 먹는다. 어린잎은 쌈이나 튀김으로 먹기도
한다. 뿌리는 거담제, 해독제 등으로 쓴다.

**크기** 40~100cm
**꽃 피는 때** 7~9월
**자라는 곳** 산의 숲
**나물 할 때** 봄

□ 줄기가 올라온 모습(5월 31일).

□ 꽃 핀 모습(8월 24일).

□ 자란 모습(6월 11일).

□ 꽃봉오리가 맺힌 모습(7월 23일).

▫ 잔대 종류 나물 하기 좋을 때(4월 7일).

## 잔대⊃당잔대 (도라지과)

여러해살이풀

**크기** 50~100cm
**꽃 피는 때** 7~10월
**자라는 곳** 산
**나물 할 때** 봄

딱주라고도 한다. 종 모양 꽃이 아래를 보고 핀다.
잎에 털이 많고, 뜯으면 흰 즙이 나온다. 어린순을
생으로 먹거나, 데쳐서 무친다. 묵나물로도 먹는다.
도라지처럼 뿌리도 먹는데, 쓴맛이 나지 않는다. 껍
질을 벗긴 뿌리는 초고추장에 찍어 먹거나, 더덕처
럼 무침이나 구이도 한다.

□ 당잔대 꽃(9월 22일).

□ 꽃이 층층으로 핀 잔대 종류(8월 24일).

□ 잎이 좁은 종류(4월 12일).

□ 잔대 종류 싹(4월 21일).

□ 당잔대 뿌리잎(10월 24일).

□ 층층이 돌려난 잔대 종류 줄기잎(8월 13일).

□ 초롱꽃 나물 하기 좋은 때(6월 1일).

□ 섬초롱꽃 나물 하기 좋은 때(4월 9일).

□ 섬초롱꽃 자란 모습(5월 9일).

## 초롱꽃⊃섬초롱꽃(초롱꽃과)

꽃이 초롱 같다고 초롱꽃이다. 어린잎을 쌈으로 먹거나, 데쳐서 무쳐 먹는다. 묵나물로 먹기도 한다. 꽃 속에 밥이나 반찬을 넣고 꽃밥을 만들어도 좋다. 꽃은 꽃자루째 뜯어서 끓는 물에 데친 다음 새콤달콤하게 초무침을 한다. 섬초롱꽃도 같은 방법으로 먹는다.

**여러해살이풀**

**크기** 30~100cm
**꽃 피는 때** 5월 말~
　　　　　8월
**자라는 곳** 산과 들
**나물 할 때** 봄~초여름

□ 초롱꽃 꽃 핀 모습(6월 15일).  □ 섬초롱꽃 꽃(6월 8일).

□ 초롱꽃 쌈(6월 15일).  □ 섬초롱꽃 뜯은 나물(5월 5일).

□ 초롱꽃 겉절이(6월 3일).  □ 섬초롱꽃 무침(5월 5일).

□ 나물 하기 좋은 때(4월 11일).

## 영아자 (초롱꽃과)

염아자라고도 한다. 뿌리잎은 잎자루가 무척 길고, 잎 가장자리에 둥그마한 톱니가 있다. 줄기잎은 심장 모양이고, 잎자루가 뿌리잎보다 짧으며, 가장자리에 날카로운 톱니가 있다. 뿌리잎과 어린순을 미나리처럼 초무침 하거나, 데쳐서 무쳐 먹는다.

| 여러해살이풀 | |
|---|---|
| **크기** | 50~100cm |
| **꽃 피는 때** | 7~9월 |
| **자라는 곳** | 산 |
| **나물 할 때** | 봄 |

□ 꽃 핀 모습(7월 28일).

□ 꽃(7월 26일).

□ 싹(4월 11일).

□ 줄기 올라온 모습(4월 29일).

□ 자란 모습(6월 9일).

□ 꽃 필 무렵 줄기잎(7월 28일).

□ 나물 하기 좋은 때(5월 10일).

## 더덕(초롱꽃과)

줄기와 잎에 바람이 스치면 특유의 향이 난다. 잎과 줄기를 자르면 흰 즙이 나오는데, 더덕 뿌리 맛이 난다. 부드러운 잎과 순은 생으로 먹거나, 데쳐서 무쳐 먹는다. 뿌리가 향긋해 생으로 먹는다. 구이나 무침, 장아찌를 만들어도 맛있다. 배추와 버무려 더덕 김치를 담가도 좋다.

**여러해살이풀**

**크기** 200cm 정도
**꽃 피는 때** 8~9월
**자라는 곳** 산의 숲 속
**나물 할 때** 봄(잎),
        봄·가을
        (뿌리)

□ 싹(4월 11일).

□ 꽃 핀 모습(7월 27일).

□ 자라는 모습(5월 15일).

□ 꽃봉오리(8월 23일).

□ 뿌리(4월 22일).

□ 더덕 무침(6월 15일).

ㅁ 나물 하기 좋은 때(7월 27일).

## 만삼(초롱꽃과)

잎과 줄기를 자르면 흰 즙이 나온다. 더덕을 닮았지
만 줄기가 가늘고, 잎이 작고 여리며, 꽃도 훨씬 작
다. 전체에서 향긋한 냄새가 난다. 연한 순을 뜯어
겉절이를 하거나, 다른 나물과 같이 쌈 싸 먹는다.
꽃봉오리도 잎처럼 생으로 먹는다. 뿌리는 가래와
기침 등에 약으로 쓰며, 심어 가꾸기도 한다.

### 여러해살이풀

**크기** 200cm 정도
**꽃 피는 때** 7~8월
**자라는 곳** 깊은 산
**나물 할 때** 봄~여름

□ 꽃 핀 모습(7월 27일).

□ 덩굴로 자라는 모습(7월 28일).

□ 꽃(7월 27일).

□ 뿌리(7월 28일).

□ 나물 하기 좋은 때(4월 25일).

## 도라지(초롱꽃과)

제사상에 빠지지 않는 나물이다. 뿌리는 껍질을 벗기고 쓴맛을 우려낸 다음 먹는다. 굵은 소금으로 비벼 씻어 초고추장에 무치기도 하고, 볶기도 한다. 데친 오징어와 초무침을 하거나, 더덕처럼 양념해서 굽기도 한다. 새순은 데쳐서 땅콩이나 호두 가루를 넣고 무쳐도 맛있다.

여러해살이풀

**크기** 40~80cm
**꽃 피는 때** 7~8월
**자라는 곳** 산과 들
**나물 할 때** 봄(잎),
　　　　　봄~가을
　　　　　(뿌리)

ㅁ 산에서 자라는 모습(7월 1일).

ㅁ 꽃 핀 모습(7월 7일).

ㅁ 열매(8월 13일).

ㅁ 뿌리(3월 30일).

ㅁ 도라지 볶음(6월 27일).

ㅁ 도라지 무침(6월 14일).

■담배풀 나물 하기 좋은 때(5월 1일).

## 담배풀⊃좀담배풀(국화과)

담배 만드는 담배라는 풀을 닮아 담배풀이다. 꽃은
곰방대를 닮았다. 열매는 익으면 기름기가 있어 사
람 옷이나 동물 털에 달라붙어 자손을 퍼뜨린다. 전
체를 지혈제와 이뇨제 등으로 쓰고, 어린잎과 순은
데쳐서 무치거나 쌈으로 먹는다. 좀담배풀도 같은
방법으로 먹는다.

**여러해살이풀**

**크기** 50~100cm
**꽃 피는 때** 8~10월
**자라는 곳** 산기슭,
　　　　　　산의 숲
**나물 할 때** 봄

□ 좀담배풀 나물 하기 좋은 때(4월 19일).

□ 담배풀 꽃(9월 25일).

□ 좀담배풀 자란 모습(5월 6일).

□ 좀담배풀 꽃(8월 27일).

□ 좀담배풀 뜯은 나물(4월 19일).

□ 좀담배풀 나물(4월 19일).

□ 나물 하기 좋은 때(4월 27일).

## 솜나물 (국화과)

어린잎에 솜 같은 털이 많아 솜나물이다. 봄에 피는 꽃과 가을에 피는 꽃이 다르다. 가을에 피는 꽃은 벌어지지 않고 스스로 가루받이를 하는 폐쇄화다. 봄에 돋아난 연한 잎을 데쳐서 떡을 하거나, 같은 때 나는 다른 산나물과 무치면 맛있다.

**여러해살이풀**

**크기** 봄 10~20cm,
　　　가을 30~60cm
**꽃 피는 때** 3월 말~
　　　4월
**자라는 곳** 산의 양지쪽
　　　풀밭
**나물 할 때** 봄

▫ 꽃이 피기 시작한 모습(3월 21일).

▫ 꽃 핀 모습(3월 21일).

▫ 솜털이 많이 없어진 모습(4월 12일).

▫ 여름 잎(6월 28일).

▫ 가을 모습(10월 2일).

▫ 뜯은 나물(4월 25일).

135

□ 등골나물 나물 하기 좋은 때(4월 19일).

## 등골나물 ⊃ 골등골나물 (국화과)

통 모양 자잘한 꽃이 모여 핀다. 큰 잎은 마주나고, 어릴 때는 전체에 짧은 털이 많다. 어린순을 데쳐서 무치거나 쌈으로 먹고, 된장국을 끓이기도 한다. 잎 끝이 둔하고 밑 부분이 세 갈래로 갈라지기도 하는 골등골나물, 비슷하게 생긴 향등골나물도 같은 방법으로 먹는다.

**여러해살이풀**

**크기** 100cm 정도
**꽃 피는 때** 7~10월
**자라는 곳** 산과 들의 풀밭
**나물 할 때** 봄

□ 등골나물. 이 때도 나물 하기 좋다(3월 29일).

□ 등골나물 꽃 핀 모습(9월 22일).

□ 등골나물 자란 모습(4월 27일).

□ 등골나물 꽃 피기 시작한 모습(9월 14일).

□ 골등골나물 나물 하기 좋은 때(4월 28일).

□ 등골나물 뜯은 나물(4월 27일).

□ 나물 하기 좋은 때(4월 6일).

## 단풍취(국화과)

잎이 단풍잎을 닮아서 단풍취다. 게발딱주라고도
한다. 새순이 올라올 때 하얀 털이 보송보송한 채
말려나는데, 개머리를 닮았다고 개대가리라는 별명
도 있다. 잎이 펴지기 전과 막 펴진 때가 나물 하기
좋다. 생으로 먹거나, 데쳐서 된장이나 간장, 고추
장에 무치거나, 묵나물로 먹는다.

여러해살이풀

**크기** 40~80cm
**꽃 피는 때** 7~9월
**자라는 곳** 산의 숲 속
**나물 할 때** 봄

▫ 싹(4월 11일).

▫ 꽃 핀 모습(9월 23일).

▫ 잎이 펴진 모습(4월 18일).

▫ 자란 모습(5월 19일).

▫ 뜯은 나물(4월 11일).

▫ 단풍취 나물(5월 9일).

□ 나물 하기 좋은 때(4월 11일).

## 미역취 (국화과)

국을 끓이면 미역 맛이 나서 미역취다. 취나물 종류 가운데 잎이 좁은 편이며, 잎에서 윤기가 난다. 어린순을 생으로 먹거나, 데쳐서 무친다. 묵나물을 정월 대보름 나물로 쓰기도 한다. 양지바른 무덤 같은 데 많이 나며, 다른 산나물과 섞어 먹으면 맛있다.

**여러해살이풀**

**크기** 30~80cm
**꽃 피는 때** 8~10월
**자라는 곳** 산과 들의 풀밭
**나물 할 때** 봄

□ 싹(4월 11일).

□ 꽃 핀 모습(10월 26일).

□ 뜯은 나물(4월 20일).

□ 데친 나물(9월 26일).

□ 나물 하기 좋은 때(4월 18일).

## 까실쑥부쟁이(국화과)

잎이 까실까실(까슬까슬의 사투리)하다고 까실쑥부쟁이다. 부지깽이나물, 쑥취라고도 한다. 싹이 올라올 때 하얀 털이 많다. 향이 좋아 어린순을 생으로 먹거나, 데쳐서 무쳐 먹는다. 묵나물로 먹어도 맛있다. 뜯고 나서 다시 가 보면 금세 자란 것을 볼 수 있다.

여러해살이풀

**크기** 30~60cm
**꽃 피는 때** 8~10월
**자라는 곳** 산골짜기
**나물 할 때** 봄~초여름

ㅁ 싹(3월 19일).

ㅁ 꽃 핀 모습(9월 20일).

ㅁ 나물 하기 좋은 때(4월 11일).

ㅁ 뜯은 나물(4월 11일).

ㅁ 데쳐서 말린 나물(5월 10일).

ㅁ 까실쑥부쟁이 묵나물(5월 10일).

□ 나물 하기 좋은 때(4월 21일).

## 참취 (국화과)

흔히 취나물이라 한다. 취나물 종류 가운데 맛과 향이 빼어나고, 어느 곳에서나 볼 수 있어 으뜸 나물이라고 참취다. 어린잎과 순을 쌈이나 겉절이를 만들어 먹는다. 데쳐서 간장이나 된장에 무치기도 하고, 된장국을 끓이기도 한다. 묵나물로 먹어도 맛과 향이 좋다.

**여러해살이풀**

**크기** 70~150cm
**꽃 피는 때** 7~10월
**자라는 곳** 산
**나물 할 때** 봄

144

□ 꽃 핀 모습(9월 4일).

□ 싹(4월 19일).

□ 뜯은 나물(4월 11일).

□ 데쳐서 말린 묵나물(3월 30일).

□ 나물 하기 좋은 때(4월 24일).

## 개미취 (국화과)

잎이 길쭉하다. 살충 효과가 있어 예전에는 화장실이나 돼지우리에 살충제로 썼다. 뿌리는 자원이라고 해서 기침, 가래 등에 약으로 쓴다. 어린잎과 순을 데쳐서 무치거나, 묵나물로 먹는다. 산나물은 대개 그 날 뜯은 것을 같이 데쳐서 무치는데, 쓴 나물과 쓰지 않은 나물이 섞이면 더 맛있다.

**여러해살이풀**

**크기** 100~150cm
**꽃 피는 때** 7~10월
**자라는 곳** 축축한
　　　　　　　산기슭이나
　　　　　　　들판
**나물 할 때** 봄

▫ 이 때도 나물 하기 좋다(4월 22일).

▫ 꽃 핀 모습(9월 23일).

▫ 키가 크게 자라는 모습(9월 23일).

▫ 줄기(9월 23일).

□ 나물 하기 좋은 때(9월 3일).

## 주홍서나물(국화과)

담뱃불 같은 주홍빛 꽃이 핀다. 잎과 줄기에서 향이
난다. 잎과 어린순을 다른 나물과 같이 데쳐서 무쳐
도 좋고, 주홍서나물만 따로 무쳐도 맛있다. 산과
들에 흔하게 퍼져 자란다. 씨앗이 날아갈 무렵에 보
면 하얀 솜털이 엉킨 것처럼 지저분하다.

**한해살이풀**

**크기** 30〜80cm
**꽃 피는 때** 8〜10월
**자라는 곳** 길가, 산,
빈 터
**나물 할 때** 봄〜초가을

꽃 핀 모습(8월 24일).

□이 때도 나물 하기 좋다(6월 17일).

□뜯은 나물(9월 3일).

□주홍서나물 무침(9월 1일).

**149**

□ 나물 하기 좋은 때(8월 30일).

## 붉은서나물 (국화과)

한해살이풀

주홍서나물과 닮았는데, 꽃이 연노란빛을 띠거나
불그레하다. 꽃이 아래로 피지 않고 위로 피는 점도
다르다. 잎과 어린순을 다른 나물과 같이 데쳐서 무
쳐도 맛있고, 붉은서나물만 무쳐도 된다. 씨앗이 날
아갈 무렵에 보면 하얀 솜털이 엉킨 것 같다.

**크기** 100~200cm
**꽃 피는 때** 9~10월
**자라는 곳** 길가, 빈 터,
　　　　　　산길 옆
**나물 할 때** 봄~초가을

150

꽃 핀 모습(9월 10일).

톱니가 많은 잎(8월 15일).

뜯은 나물(9월 9일).

붉은서나물 무침(9월 9일).

□ 나물 하기 좋은 때(5월 9일).

## 곰취 (국화과)

잎이 넓고 가장자리에 톱니가 있다. 연한 잎을 뜯어
쌈으로 먹거나, 장아찌를 담근다. 데쳐서 무치거나,
쌈을 싸 먹어도 향긋하다. 묵나물로 먹기도 한다.
곤달비라고 하는 곳도 있지만, 곤달비보다 잎이 크
고 잎 아래가 덜 벌어진다. 산촌에서 심어 가꾸기도
한다.

**여러해살이풀**

**크기** 100~200cm
**꽃 피는 때** 7~10월
**자라는 곳** 깊은 산,
축축한 곳
**나물 할 때** 봄~초여름

152

□ 꽃 핀 모습(7월 27일).

□ 싹(4월 23일).

□ 곰취 쌈(4월 28일).

□ 곰취 장아찌(5월 9일).

□ 곰취 묵나물(8월 24일).

■ 나물 하기 좋은 때(5월 9일).

## 곤달비 (국화과)

잎과 꽃이 곰취를 많이 닮았다. 곰취보다 잎이 조금
작고, 잎 아래가 더 벌어졌다. 부드러운 잎을 쌈으
로 먹으면 향이 좋다. 데쳐서 나물 해 먹기도 하고,
묵나물로 먹기도 한다. 장아찌나 김치를 담그고, 송
편도 만들어 먹는다. 산촌에서 심어 가꾸기도 한다.

**여러해살이풀**

**크기** 100cm 정도
**꽃 피는 때** 8~9월
**자라는 곳** 깊은 산
**나물 할 때** 봄

꽃 핀 모습(8월 24일).

□ 나물 하기 좋은 때(4월 24일).

□ 뜯은 나물(5월 25일).

□ 곤달비 장아찌(9월 28일).

□ 나물 하기 좋은 때(3월 26일).

## 솜방망이 (국화과)

잎에 솜 같은 털이 많고, 줄기 끝에 모여 피는 노란
꽃이 방망이 같다고 솜방망이다. 씨가 날아가기 전
의 모습도 솜방망이 같다. 어린잎을 다른 산나물과
데쳐서 된장이나 간장에 무쳐 먹는다. 잎에 섬유소
가 많아 떡을 해도 차지고 맛있다. 뿌리를 뺀 전체
를 구내염, 타박상, 가래 등에 약으로 쓴다.

여러해살이풀

**크기** 20~65cm
**꽃 피는 때** 4월 말~
6월
**자라는 곳** 산의 풀밭
**나물 할 때** 봄

□ 솜털에 싸인 싹(3월 24일).

□ 꽃 핀 모습(4월 29일).

□ 꽃봉오리가 맺힌 모습(4월 17일).

□ 열매(5월 26일).

□ 나래박쥐나물 나물 하기 좋은 때(5월 7일).

## 박쥐나물⊃나래박쥐나물(국화과)

잎이 박쥐가 날개를 펼친 모습 같다고 박쥐나물이
다. 어린순을 생으로 먹거나, 데쳐서 무치거나, 묵나
물로 먹는다. 잎자루에 날개가 있고 잎 아래가 귓불
같이 늘어지는 나래박쥐나물, 잎 아래가 귓불같이
늘어지지 않는 박쥐나물, 잎이 다섯 갈래로 뚜렷하
게 갈라진 귀박쥐나물 모두 같은 방법으로 먹는다.

**여러해살이풀**

**크기** 60~120cm
**꽃 피는 때** 8~9월
**자라는 곳** 깊은 산
**나물 할 때** 봄

□ 나래박쥐나물 싹(5월 7일).

□ 나래박쥐나물 꽃 핀 모습(7월 28일).

□ 박쥐나물 꽃 핀 모습(7월 23일).

□ 나물 하기 좋은 때(4월 11일).

## 우산나물 (국화과)

어릴 때는 접은 우산 같고, 자라면 펼친 우산 같다.
어린순을 생으로 먹기도 하고, 데쳐서 무치거나, 된
장국을 끓인다. 묵나물로 먹기도 한다. 우산이 막
펼쳐졌을 때가 나물 하기 좋다. 독이 있는 삿갓나물
과 닮았지만, 우산나물은 갈라진 잎 갈래가 다시 둘
로 갈라지고, 톱니와 털이 있다.

**여러해살이풀**

**크기** 70~120cm
**꽃 피는 때** 6월 말~
9월
**자라는 곳** 산의 숲 속
**나물 할 때** 봄

160

□ 꽃봉오리가 맺힌 모습(6월 9일).

□ 싹(4월 11일).

□ 잎이 펴진 모습(4월 13일).

□ 꽃(7월 1일).

□ 뜯은 나물(4월 12일).

161

■ 나물 하기 좋은 때(4월 11일).

## 톱풀(국화과)

잎이 톱날을 닮았다고 톱풀이다. 가위집을 낸 것 같다고 가새풀(가새는 가위의 사투리), 가시개나물이라고도 한다. 어린순을 데쳐서 무친다. 잎에 톱니가 있지만 데치면 부드럽다. 다른 나물과 같이 데쳐서 된장이나 간장, 고추장에 찍어 먹어도 맛있다.

| 여러해살이풀 | |
|---|---|
| **크기** | 50~120cm |
| **꽃 피는 때** | 7~10월 |
| **자라는 곳** | 산과 들의 풀밭 |
| **나물 할 때** | 봄 |

□ 자라는 모습(5월 29일).

□ 꽃(7월 2일).

□ 자란 모습(5월 29일).

□ 뜯은 나물(4월 28일).

□ 나물 하기 좋은 때(4월 14일).

## 제비쑥(국화과)

잎이 제비 날개를 닮아 제비쑥이다. 자불쑥이라고
도 한다. 산의 양지바른 숲 가에 잘 자란다. 어린순
을 씀바귀 종류 잎과 같이 겉절이를 하면 향긋하고
맛있다. 된장이나 쌈장에 찍어 먹거나, 다른 산나물
과 무쳐도 맛있다. 데쳐서 무치거나, 묵나물로 먹기
도 한다.

여러해살이풀

**크기** 30~90cm
**꽃 피는 때** 7~9월
**자라는 곳** 산의 풀밭,
　　　　　　숲 가
**나물 할 때** 봄

164

■ 이 때도 나물 하기 좋다(4월 14일).

■ 자란 모습(5월 18일).

꽃 핀 모습(8월 24일).

■ 뜯은 나물(4월 14일).

□ 나물 하기 좋은 때(4월 6일).

## 맑은대쑥(국화과)

쑥보다 잎이 덜 갈라지고 깔끔하다. 어린잎과 줄기
에 하얀 솜털이 많다. 어린순을 다른 나물과 데쳐서
무쳐 먹는다. 쑥과 같이 된장국을 끓이거나, 떡을
해도 맛있다. 꽃이 피는 줄기는 위로 자라고, 꽃이
달리지 않는 줄기는 옆으로 비스듬히 자라다 끝에
잎이 모여난다.

| 여러해살이풀 | | |
|---|---|---|
| **크기** | 30~80cm | |
| **꽃 피는 때** | 7~9월 | |
| **자라는 곳** | 산 | |
| **나물 할 때** | 봄 | |

▫ 꽃 핀 모습(9월 20일).

▫ 싹(3월 29일).

▫ 여름 모습(6월 3일).

▫ 뜯은 나물(4월 12일).

▫ 나물 하기 좋은 때(5월 9일).

## 멸가치 (국화과)

잎 뒷면에 하얀 털이 있고, 잎자루에 날개가 있다.
특이하게 생긴 열매에 끈끈한 액체가 나오는 털이
있어 잘 달라붙는다. 어린잎을 데쳐서 된장이나 간
장, 고추장에 무쳐 먹는다. 된장국을 끓이거나, 묵
나물로 먹기도 한다. 지혈제, 소염제 등으로 쓴다.

**여러해살이풀**

**크기** 50~100cm
**꽃 피는 때** 8~10월
**자라는 곳** 숲 속의
　　　　　　축축한 곳
**나물 할 때** 봄~초여름

□ 이 때도 나물 하기 좋다(4월 23일).

□ 꽃 핀 모습(7월 28일).

□ 자란 모습(7월 20일).

□ 열매(8월 28일).

□ 나물 하기 좋은 때(4월 20일).

## 삽주 (국화과)

잎 가장자리에 잔가시 같은 톱니가 있다. 잎이 갈라
지기도 하고, 갈라지지 않기도 한다. 뿌리는 씹으면
한약 맛이 나며, 건위제나 이뇨제 등으로 쓴다. 잎
을 자르면 흰 즙이 나온다. 어린순을 쌈으로 먹거
나, 겉절이를 한다. 다른 산나물과 같이 데쳐서 무
쳐 먹기도 한다. 튀김을 해도 맛있다.

### 여러해살이풀

**크기** 30~100cm
**꽃 피는 때** 7~10월
**자라는 곳** 산
**나물 할 때** 봄

□ 싹(4월 28일).

□ 꽃 핀 모습(9월 10일).

□ 나물 하기 좋은 때(4월 11일).

□ 잎이 덜 갈라진 모습(4월 7일).

□ 꽃봉오리가 맺힌 모습(7월 26일).

□ 뜯은 나물(4월 27일).

□ 엉겅퀴 나물 하기 좋은 때(3월 15일).

## 엉겅퀴 ⊃ 지느러미엉겅퀴 (국화과)

여러해살이풀

**크기** 50~100cm
**꽃 피는 때** 5~8월
**자라는 곳** 들과 산
**나물 할 때** 봄

가시나물이라고도 한다. 갈라진 잎 가장자리에 날
카로운 가시가 있다. 어린잎과 연한 줄기를 데쳐서
무쳐 먹는다. 데쳐도 가시가 아주 부드러워지지는
않으니 조심한다. 줄기는 껍질을 벗겨 장에 찍어 먹
거나, 장아찌를 담근다. 고기나 버섯, 멸치와 볶기
도 한다. 지느러미엉겅퀴도 같은 방법으로 먹는다.

□ 엉겅퀴 자란 모습(4월 27일).

□ 엉겅퀴 꽃(5월 9일).

□ 지느러미엉겅퀴 뿌리잎(5월 9일).

□ 지느러미엉겅퀴 꽃(5월 14일).

□ 지느러미엉겅퀴 줄기(5월 9일).

□ 엉겅퀴 뜯은 나물(4월 3일).

□ 나물 하기 좋은 때(6월 26일).

## 고려엉겅퀴(곤드레나물)(국화과)

곤드레나물이라고도 한다. 어린순을 봄에서 여름까지 먹을 수 있다. 데쳐서 무치거나, 된장국을 끓인다. 볶거나 묵나물로 먹어도 맛있다. 씻은 쌀에 묵나물을 넣고 지은 곤드레 밥은 강원도 향토 음식이다. 된장찌개나 생선 조림에 넣어도 맛있다.

**여러해살이풀**

**크기** 50~100cm
**꽃 피는 때** 7~10월
**자라는 곳** 산과 들의 그늘 진 풀밭
**나물 할 때** 봄~여름

174

□ 부드러운 순을 나물 한다(6월 8일).

□ 꽃 핀 모습(8월 20일).

□ 톱니가 날카로운 잎(8월 20일).

□ 뜯은 나물(5월 31일).

□ 말린 나물(6월 10일).

□ 곤드레 밥(6월 10일).

■ 나물 하기 좋은 때(4월 19일).

## 버들분취 (국화과)

줄기 위쪽 잎이 버드나무 잎처럼 갸름해진다고 버
들분취다. 아래쪽 잎은 잎자루가 있으며, 깃 꼴로
깊이 갈라지기도 하고, 갈라지지 않기도 한다. 어린
잎을 다른 나물과 같이 데쳐서 된장이나 간장에 무
쳐 먹는다. 묵나물로 먹어도 맛있다. 볶을 때는 들
기름이 좋다.

**크기** 50〜150cm
**꽃 피는 때** 7〜9월
**자라는 곳** 산의 풀밭
**나물 할 때** 봄

□ 꽃 핀 모습(9월 22일).

□ 싹(4월 19일).　　　□ 잎이 덜 갈라진 싹(4월 15일). 　　　□ 나물 하기 좋은 때(4월 1일).

□ 나물 하기 좋은 때(4월 24일).

## 각시취 (국화과)

산의 양지에서 잘 자란다. 줄기에 날개가 있는 것도 있고, 없는 것도 있다. 잎에는 털이 있다. 아래쪽에 달린 잎은 가장자리가 새 깃처럼 갈라지고, 줄기 위쪽에는 갈라지지 않은 잎이 많다. 어린순을 다른 산나물과 같이 데쳐서 무쳐 먹는다. 된장국을 끓여도 맛있다.

**크기** 30~150cm
**꽃 피는 때** 8~10월
**자라는 곳** 산
**나물 할 때** 봄

□ 갈라진 줄기잎(8월 13일).

□ 꽃 핀 전체 모습(9월 25일).

□ 덜 갈라진 줄기잎(8월 13일).

□ 꽃이 맺힌 모습(9월 25일).

□ 꽃이 피기 시작한 모습(9월 25일).

□ 꽃 핀 모습(9월 25일).

□ 나물 하기 좋은 때(4월 4일).

## 뻐꾹채 (국화과)

뻐꾸기가 우는 때 핀다고 뻐꾹채다. 전체에 희고 거미줄 같은 털이 있고, 잎이 부드럽다. 엉겅퀴보다 큰 꽃이 피며, 꽃을 싸는 밤빛 조각이 올록볼록하다. 나무가 듬성듬성한 산이나 무덤 둘레에 잘 자란다. 어린순을 데쳐서 된장이나 간장에 무치거나, 된장국을 끓여 먹는다.

**여러해살이풀**

**크기** 40~70cm
**꽃 피는 때** 5~8월
**자라는 곳** 산과 들의 양지쪽 풀밭
**나물 할 때** 봄

□ 꽃이 맺힌 모습(5월 4일).

□ 전체 모습(5월 4일).

□ 꽃대가 쑥 올라온 모습(5월 4일).

□ 꽃(5월 4일).

□ 나물 하기 좋은 때(4월 19일).

□ 꽃봉오리가 맺힌 모습(8월 24일).

## 산비장이 (국화과)

꽃과 잎이 엉겅퀴를 닮았지만, 가시가 없고 부드럽다. 꽃도 늦여름부터 가을까지 핀다. 잎 가장자리가 새 깃처럼 깊이 갈라진다. 조금만 자라도 잎이 쇠므로, 아주 연할 때 뜯어야 한다. 다른 산나물과 섞어 데친 뒤 간장이나 된장에 무쳐 먹는다. 된장국을 끓여도 맛있다.

| 여러해살이풀 | |
|---|---|
| **크기** | 30~140cm |
| **꽃 피는 때** | 8~10월 |
| **자라는 곳** | 산의 풀밭 |
| **나물 할 때** | 봄 |

□ 꽃 핀 모습(8월 24일).

□ 이 때도 나물 하기 좋다(4월 15일).

□ 자란 모습(7월 2일).

□ 나물 하기 좋은 때(4월 19일).

## 수리취(흰취, 떡취)(국화과)

잎 뒷면이 흰색이라 흰취, 떡을 해 먹는 취라고 떡
취라고도 한다. 부드러운 잎을 다른 산나물과 같이
데쳐서 된장이나 간장에 무쳐 먹는다. 묵나물로 먹
기도 한다. 취나물 가운데 잎이 큰 편이고, 잎 뒷면
에 솜털이 있어 뒤집어 보면 뽀얗다. 단오에는 수리
취 잎으로 떡을 해 먹는다.

<table>
<tr><td colspan="2">여러해살이풀</td></tr>
<tr><td>크기</td><td>40~100cm</td></tr>
<tr><td>꽃 피는 때</td><td>9~10월</td></tr>
<tr><td>자라는 곳</td><td>산의 풀밭</td></tr>
<tr><td>나물 할 때</td><td>봄~초여름</td></tr>
</table>

□ 꽃이 맺힌 모습(7월 23일).

□ 꽃(10월 26일).

□ 나물 하기 좋은 때(4월 21일).

□ 자란 모습(6월 11일).

□ 뜯은 나물(5월 24일).

□ 수리취 떡(5월 24일).

□ 나물 하기 좋은 때(4월 21일).

## 조밥나물(국화과)

민들레 닮은 노란 꽃이 핀다. 노란 조밥과 닮았다고 조밥나물이다. 싹이 날 때 잎에 하얀 털이 많다. 잎 가장자리에 불규칙한 톱니가 있다. 줄기는 곧게 자라다 위쪽에서 가지가 갈라진다. 어린순을 다른 나물과 같이 데쳐서 된장이나 고추장에 무쳐 먹는다. 된장국을 끓여도 맛있다.

여러해살이풀

**크기** 30~100cm
**꽃 피는 때** 7~10월
**자라는 곳** 산과 들의
숲 가
**나물 할 때** 봄~초여름

▫ 싹(4월 14일).

▫ 꽃 핀 모습(8월 29일).

▫ 자란 모습(7월 28일).

▫ 뜯은 나물(4월 30일).

□ 나물 하기 좋은 때(4월 11일).

## 선씀바귀 (국화과)

씀바귀 종류를 뭉뚱그려 쓴나물, 씬내이라고도 한다. 쓴맛 나는 나물이라는 뜻이다. 씀바귀처럼 뿌리와 잎으로 겉절이를 하거나, 데쳐서 무쳐 먹는다. 뿌리만 따로 무치기도 한다. 쓴맛이 싫으면 우려내고 먹는다. 다른 나물과 섞으면 쓴맛이 덜 느껴지고, 맛도 잘 어우러진다.

| 여러해살이풀 |
|---|
| **크기** 20~50cm |
| **꽃 피는 때** 5~6월 |
| **자라는 곳** 들, 길가, 산의 풀밭 |
| **나물 할 때** 봄 |

□꽃이 활짝 핀 모습(5월 18일).

□꽃이 오므린 모습(4월 29일).

□잎이 많이 갈라진 모습(4월 5일).
□뜯은 나물(4월 14일).

❑ 나물 하기 좋은 때(4월 6일).

## 산씀바귀 (국화과)

한두해살이풀

산에서 자라고, 뿌리가 고들빼기 뿌리를 닮아 산고
들빼기라고도 한다. 뿌리잎과 줄기잎 모양이 다르
다. 뿌리잎이 무 잎처럼 갈라진 것도 있고, 덜 갈라
진 것도 있다. 다른 씀바귀나 고들빼기처럼 쓴맛이
나는데, 생으로 먹거나 김치를 담근다. 다른 나물과
같이 데쳐서 무쳐도 맛있다.

**크기** 60~150cm
**꽃 피는 때** 7~10월
**자라는 곳** 숲 가장자리,
　　　　　　 냇가 근처
**나물 할 때** 봄

190

□ 잎이 덜 갈라진 모습(4월 14일).

□ 꽃 핀 모습(8월 30일).

□ 나물 하기 좋은 때(4월 14일).

□ 자란 모습(7월 16일).

□ 줄기잎(7월 16일).

□ 뜯은 나물(4월 14일).

□ 나물 하기 좋은 때(7월 23일).

## 까치고들빼기 (국화과)

고들빼기 종류라 줄기나 잎을 뜯으면 흰 즙이 나온다. 맛은 쓰다. 전체에 털이 없으며, 연하고 부드럽다. 부드러운 순을 쌈으로 먹어도 좋고, 된장이나 쌈장에 찍어 먹어도 맛있다. 쓴맛이 싫으면 다른 나물과 섞어 겉절이를 해도 좋다. 부드러워서 꽃이 피기 전까지 먹을 수 있다.

| 한두해살이풀 |
| --- |
| **크기** 20~50cm |
| **꽃 피는 때** 9~10월 |
| **자라는 곳** 산의 숲 가장자리 |
| **나물 할 때** 봄~여름 |

□ 뿌리잎(5월 20일).

□ 꽃 핀 모습(10월 3일).

□ 자란 모습(7월 23일).

□ 꽃이 피기 시작한 모습(8월 27일).

□ 꽃이 진 뒤의 모습(9월 26일).

□ 뜯은 나물(7월 23일).

□ 나물 하기 좋은 때(3월 21일).

## 이고들빼기 (국화과)

전체에 쓴맛이 강하다. 어릴 때 뿌리째 캐서 데친 뒤 쓴맛을 우려내고 초고추장에 무쳐 먹거나, 김치를 담근다. 쓴맛을 좋아하는 사람은 생으로 쌈 싸 먹거나 겉절이를 해도 좋다. 다른 나물과 섞어 먹으면 쓴맛이 덜하고, 맛이 잘 어우러진다.

### 한두해살이풀

**크기** 30~70cm
**꽃 피는 때** 8~10월
**자라는 곳** 산과 들
**나물 할 때** 봄~초가을

194

□ 순 나물 하기 좋은 때(4월 20일).

□ 꽃 핀 모습(10월 14일).

□ 꽃봉오리가 맺힌 모습(8월 24일).

□ 뿌리째 나물 한 모습(4월 12일).

□ 뜯은 나물(9월 9일).

□ 데친 이고들빼기 쌈(9월 9일).

□ 나물 하기 좋은 때(4월 12일).

## 뻐꾹나리 (백합과)

꼴뚜기 닮은 꽃이 특이하게 생겼다. 어린잎은 털이
많고, 잎맥이 발달했다. 어린잎일수록 뻐꾸기 날개
처럼 검푸른 얼룩무늬가 짙게 퍼져 있다. 꽃에도 보
랏빛 점이 얼룩덜룩하다. 어린순을 데쳐서 무쳐 먹
는다. 하지만 개체수가 적어 보호해야 한다.

**여러해살이풀**

**크기** 50cm 정도
**꽃 피는 때** 7~8월
**자라는 곳** 산의 숲 속
**나물 할 때** 봄

ㅁ 줄기 올라온 모습(4월 17일).

ㅁ 꽃 핀 모습(9월 4일).

ㅁ 자란 모습(5월 7일).

ㅁ 열매(9월 23일).

□ 나물 하기 좋은 때(5월 3일).

## 비비추(백합과)

비벼 먹어야 제 맛이 난다고 비비추다. 비비면 거품
이 나는데 이 때 독성이 빠지고 부드러워진다. 지
부, 이밥취라고도 한다. 잎을 생으로나 데쳐서 쌈
싸 먹는다. 다른 산나물처럼 데쳐서 무치면 부드럽
고 맛있다. 된장국을 끓이거나, 장아찌를 담그기도
한다. 나물 할 때가 지나면 금방 쇠어 맛이 없다.

**여러해살이풀**

**크기** 30~40cm
**꽃 피는 때** 7~8월
**자라는 곳** 산
**나물 할 때** 봄

□ 쇠기 시작한 모습(5월 10일).

□ 꽃 핀 모습(7월 1일).

□ 꽃 필 무렵 잎의 모습(7월 1일).

□ 뜯은 나물(5월 3일).

□ 데친 나물(5월 4일).

□ 비비추 된장국(5월 4일).

■ 나물 하기 좋은 때(3월 26일).

## 원추리(넘나물)(백합과)

넘나물, 모예초라고도 한다. 싹이 올라오면 뜯어서
데친 뒤 된장이나 고추장에 찍어 먹어도 되고, 초고
추장에 무쳐 먹기도 한다. 무친 나물을 비빔밥에 넣
어도 맛있다. 맛과 향이 좋고, 한 군데 많이 나기도
해서 다른 나물과 섞지 않아도 충분하다.

| 여러해살이풀 |
| --- |

**크기** 50~100cm
**꽃 피는 때** 6~8월
**자라는 곳** 산과 들의
　　　　　풀밭
**나물 할 때** 봄

□ 꽃 핀 모습(7월 31일).

□ 싹(3월 17일).　　□ 조금 자란 모습(4월 6일).　　□ 뜯은 나물(4월 6일).

□ 나물 하기 좋은 때(3월 28일).

## 달래(백합과)

산달래보다 작아서 애기달래라고도 한다. 잎도 하나나 둘씩 난다. 잎이 나는 모습이나 꽃이 다른데, 맛은 산달래와 닮았다. 잎이 보드라울 때 뿌리째 캐서 파나 부추처럼 생으로 무쳐 먹는다. 된장국이나 생선 조림에 넣기도 하고, 지짐에 넣어도 향긋하다. 잎만 뜯으면 이듬해 또 먹을 수 있다.

**크기** 10~20cm
**꽃 피는 때** 3~4월
**자라는 곳** 산과 들
**나물 할 때** 봄

□ 잎(3월 21일).

□ 꽃 핀 모습(4월 2일).

□ 꽃봉오리가 맺힌 모습(3월 17일).

□ 꽃(3월 19일).

□ 뜯은 나물(4월 3일).

□ 달래와 겉절이 할 산나물(3월 29일).

□ 나물 하기 좋은 때(4월 5일).

## 산달래 (백합과)

흔히 달래라고 하나, 시장에서 파는 것은 대개 산달
래다. 희고 둥근 뿌리에서 가늘고 긴 잎이 나온다.
맛과 향이 좋아 된장찌개에 넣으면 향긋하다. 생으
로 무쳐 먹기도 하고, 고추장에 박아 장아찌를 담그
기도 한다. 꽃의 일부나 전부가 씨가 아니면서 씨
구실을 하는 구슬눈(주아, 살눈)이 되기도 한다.

여러해살이풀

**크기** 40~60cm
**꽃 피는 때** 5~6월
**자라는 곳** 산과 들
**나물 할 때** 봄

▫ 꽃이 맺힌 모습(5월 28일).

▫ 꽃 핀 모습(5월 31일).

▫ 씨가 아니면서 싹이 나는 구슬눈(5월 16일).

▫ 피기 시작한 모습(5월 28일).

▫ 파처럼 자라는 모습(4월 2일).

▫ 나물 한 산달래(4월 5일).

□ 나물 하기 좋은 때(3월 21일).

## 산부추(백합과)

민마늘이라고도 한다. 잎이 연할 때 뜯거나 캐서 간
장이나 고추장에 박아 장아찌를 만든다. 부추처럼
겉절이를 해도 되고, 된장찌개에도 넣는다. 전을 부
칠 때와 같이 부추나 파가 들어가는 곳이면 어디든
넣을 수 있다. 조금만 자라도 잎이 쇠므로 연할 때
먹는다. 될 수 있으면 뿌리는 캐지 않는다.

**여러해살이풀**

**크기** 30~60cm
**꽃 피는 때** 8~10월
**자라는 곳** 산의 풀밭
**나물 할 때** 봄

□ 잎이 쉰 모습(4월 11일).

□ 꽃 핀 모습(10월 10일).

□ 꽃봉오리(9월 6일).

□ 꽃이 피기 전 모습(9월 25일).

□ 나물 하기 좋은 때(4월 24일).

## 산마늘(명이)(백합과)

보릿고개 때 목숨을 이어 주던 풀이라 해서 명이라
고도 한다. 마늘보다 잎이 훨씬 크지만, 맛과 냄새
는 닮았다. 연한 잎을 잎자루와 함께 뜯어 장아찌를
담거나, 된장국을 끓여 먹는다. 산에 있는 산마늘은
보호해야 하며, 심어 가꾼 산마늘을 쓴다.

**여러해살이풀**

**크기** 40~70cm
**꽃 피는 때** 5~7월
**자라는 곳** 산의 숲 속
**나물 할 때** 봄

208

□ 꽃봉오리가 맺힌 모습(4월 24일).

□ 꽃 핀 모습(5월 9일).

□ 열매 맺는 모습(5월 31일).

□ 산마늘 장아찌(5월 26일).

□ 나물 하기 좋은 때(4월 20일).

## 하늘말나리(백합과)

하늘을 보고 핀다고 하늘말나리다. 우산말나리, 각시나물이라고도 한다. 어린잎 가운데는 우산 모양으로 생기지 않고 얼레지 잎을 닮은 것도 있다. 어린순을 다른 산나물과 같이 데쳐서 무치거나 조린다. 비늘줄기도 데쳐 먹는다. 많이 먹으면 설사할 수 있으니 주의한다.

### 여러해살이풀

**크기** 100cm 정도
**꽃 피는 때** 7~8월
**자라는 곳** 산의 풀밭, 숲 가
**나물 할 때** 봄

□ 싹(4월 6일).

□ 자란 모습(4월 13일).

□ 얼레지 닮은 잎(4월 6일).

□ 꽃 핀 모습(7월 13일).

211

■ 나물 하기 좋은 때(3월 5일).

## 얼레지 (백합과)

잎에 얼룩무늬가 있어 얼레지다. 크고 고운 꽃이 무리지어 핀다. 어린잎을 묵나물로 만들었다가 충분히 우려내고 들기름에 볶으면 맛있다. 묵나물은 산채비빔밥 재료로 많이 쓴다. 연한 잎을 뜯어 쌈으로 먹기도 하는데, 독이 있어 많이 먹으면 설사한다.

**여러해살이풀**

**크기** 25cm 정도
**꽃 피는 때** 3월 말~
　　　　　　　5월
**자라는 곳** 산의
　　　　　　　기름진 땅
**나물 할 때** 봄

□ 꽃봉오리(3월 21일).

□ 꽃 핀 모습(4월 7일).

□ 꽃잎 닫은 모습(3월 29일).

□ 뜯은 나물(4월 12일).

□ 말린 나물(4월 30일).

□ 삶은 묵나물(9월 12일).

□ 나물 하기 좋은 때(4월 11일).

## 둥굴레(백합과)

여러해살이풀

**크기** 30~70cm
**꽃 피는 때** 5~7월
**자라는 곳** 산과 들
**나물 할 때** 봄

뿌리줄기를 말려서 끓이면 숭늉처럼 구수한 맛이
난다. 어린순을 데쳐서 무치거나 쌈으로 먹어도 맛
있고, 초고추장을 찍어 먹기도 한다. 산에 자라기도
하지만, 뿌리줄기를 차로 마시거나 자양, 강장, 해
열 등에 약으로 쓰기 위해 밭이나 집 둘레에 심어
가꾸기도 한다. 꽃을 보려고 심기도 한다.

ㅁ 어린 모습(4월 21일).

ㅁ 꽃 핀 모습(5월 11일).

ㅁ 자란 모습(5월 17일).

ㅁ 꽃봉오리가 맺힌 모습(4월 19일).

ㅁ 열매(5월 31일).

ㅁ 파는 뿌리줄기(5월 15일).

□ 나물 하기 좋은 때(4월 11일).

## 용둥굴레(백합과)

잎자루가 없다. 둥굴레와 많이 닮았고, 꽃이 포에 싸여 핀다. 잎이 둥굴레를 닮은 타원형인데, 조금 더 동그마한 느낌이 든다. 뿌리줄기가 옆으로 뻗으면서 무리지어 자란다. 뿌리줄기는 차로 마시고, 어린순은 나물 해 먹는다. 나물 할 때는 여러 떨기 가운데 드문드문 하나씩만 뜯는다.

**여러해살이풀**

**크기** 20~40cm
**꽃 피는 때** 5~6월
**자라는 곳** 산의 나무 그늘
**나물 할 때** 봄

□ 싹(4월 11일).

□ 꽃 핀 모습(5월 18일).

□ 어린 모습(4월 12일).

□ 꽃이 맺힌 모습(4월 11일).

□ 열매(7월 2일).

□ 뜯은 나물(4월 11일).

■ 나물 하기 좋은 때(4월 11일).

## 풀솜대(지장보살)(백합과)

보릿고개 때 주린 배를 채워 준 고마운 나물이라고
지장보살이라고도 한다. 가장자리에 주름이 지고
잎맥이 뚜렷한 잎이 줄기 양쪽으로 어긋나게 달린
다. 데쳐서 쌈으로 먹거나, 다른 산나물과 섞어 무
쳐 먹는다. 데친 나물을 볶아도 맛있다. 비빔밥에
넣거나, 묵나물로 먹기도 한다.

| 여러해살이풀 |
| --- |

**크기** 20~50cm
**꽃 피는 때** 5~6월
**자라는 곳** 산의 숲 속
  응달
**나물 할 때** 봄

□ 싹(4월 2일).

□ 꽃 핀 모습(6월 11일).

□ 꽃이 맺힌 모습(5월 4일).

□ 열매(7월 9일).

□ 익은 열매(9월 25일).

□ 뜯은 나물(4월 11일).

□ 나물 하기 좋은 때(5월 20일).

□ 수그루(7월 16일).

□ 암그루(6월 9일).

## 밀나물(백합과)

줄기는 가지가 많이 갈라지고, 모가 난 줄이 있다.
덩굴로 뻗으며 자라고, 덩굴손이 있다. 달걀 모양
잎은 잎맥이 뚜렷하고, 가장자리가 밋밋하다. 어린
순을 데쳐서 초고추장에 찍어 먹거나, 초무침을 한
다. 간장이나 된장에 무치거나, 찍어 먹기도 한다.
데쳐서 쌈으로 먹어도 맛있다.

여러해살이풀

크기 200~300cm
꽃 피는 때 5~7월
자라는 곳 산과 들
나물 할 때 봄

220

■ 나물 하기 좋은 때(4월 12일).

■ 꽃 핀 모습(5월 9일).

■ 자라는 모습(4월 18일).

여러해살이풀

**크기** 100cm 정도
**꽃 피는 때** 5~6월
**자라는 곳** 산과 들
**나물 할 때** 봄

# 선밀나물(백합과)

잎에 윤기가 난다. 밀나물과 비슷한데 서서 자란다고 선밀나물이다. 싹이 날 때는 물기가 많고 통통하다. 암수딴그루고, 꽃이 피는 줄기는 이파리와 꽃봉오리가 같이 올라온다. 어린순을 데쳐서 초고추장에 찍어 먹거나, 무쳐 먹는다. 다른 나물과 섞어 먹어도 맛있다.

□ 마 어린 모습(5월 9일).

## 마⊃참마 (마과)

여러해살이풀

**크기** 200cm 정도
**꽃 피는 때** 6~7월
**자라는 곳** 산
**나물 할 때** 봄, 가을

뿌리를 자르면 흰 코 같은 것이 나오는데, 이것이 위를 보호하고 소화를 도와 준다. 덩이뿌리를 참기름과 소금에 찍어 먹기도 하고, 갈아 먹기도 한다. 삶아 먹거나, 말려서 갈아 먹어도 좋다. 줄기에 달린 구슬눈을 생으로 먹기도 하고, 밥에 넣거나 간장에 조려 먹는다. 참마도 같은 방법으로 먹는다.

□ 마 수꽃 핀 모습(7월 16일).

□ 마 구슬눈(8월 20일).

□ 참마 암꽃(7월 20일).

□ 야생으로 자란 마 뿌리(7월 6일).

□ 심어 가꾼 마 뿌리는 굵다(5월 11일).

□ 마 구슬눈(9월 22일).

□ 마 구슬눈 조림(9월 22일).

□ 마 구슬눈 밥(9월 3일).

# 들나물

◻ 생식줄기 나물 하기 좋은 때(3월 24일).

## 쇠뜨기(속새과)

여러해살이풀

소가 잘 뜯어 먹어 쇠뜨기다. 생식줄기(뱀밥)가 붓 같이 생겨서 필두채라고도 한다. 땅속줄기가 길게 뻗으며 자라 무리를 이룬다. 이른 봄에 올라오는 생식줄기를 데쳐서 볶아 먹는다. 조림이나 튀김을 하고, 밥 지을 때 넣기도 한다. 영양분이 풍부해 많이 먹으면 설사할 수도 있다.

**크기** 20~40cm
**꽃 피는 때** 3월 말~5월
**자라는 곳** 풀밭
**나물 할 때** 봄

■ 쇠뜨기 자란 모습(4월 20일).

■ 쇠뜨기 싹(4월 12일).

■ 자라는 모습(4월 14일).

◻ 떡 해 먹기 좋은 때(5월 10일).

## 모시풀(쐐기풀과)

여러해살이풀

**크기** 150~200cm
**꽃 피는 때** 7~10월
**자라는 곳** 밭, 빈 터
**나물 할 때** 봄

작은 나무처럼 보이지만 풀이다. 줄기 껍질로 모시를 짠다. 모시는 바람이 잘 드나들고 땀을 잘 빨아들여 여름옷을 만들기 좋다. 심어 가꾸기도 하고, 절로 자라기도 한다. 잎 뒷면에는 솜털이 빽빽해 뽀얗다. 부드러운 잎을 삶아 멥쌀과 빻은 다음 모시 송편이나 모시 개떡을 하거나, 장아찌를 담가 먹는다.

□ 암꽃(9월 15일).

□ 뜯은 잎(5월 16일).

□ 모시 개떡(5월 29일).

□ 수꽃(10월 19일).

□ 모시 송편(5월 8일).

□ 나물 하기 좋은 때(4월 7일).

## 소리쟁이 (마디풀과)

포기 가운데에 난 어린잎을 데쳐서 무치거나, 된장
국을 끓여 먹는다. 잘게 썰어 전을 부칠 때 넣기도
한다. 아주 어린잎은 새 혀처럼 생겼는데, 따로 데
쳐서 초무침을 하거나 된장, 매실 진액에 무쳐 먹는
다. 많이 먹으면 요로결석이 생기니 조심한다.

### 여러해살이풀

**크기** 30~80cm
**꽃 피는 때** 5~7월
**자라는 곳** 물가, 들의
　　　　　축축한 곳
**나물 할 때** 봄

▫ 자란 모습(4월 15일).

▫ 꽃 핀 전체 모습(5월 15일).

▫ 어린 속잎 뜯은 나물(4월 9일).

▫ 어린 속잎 무침(4월 9일).

▫ 뜯은 나물(4월 3일).

▫ 소리쟁이 나물(4월 5일).

□ 나물 하기 좋은 때(4월 21일).

□ 자란 잎(10월 4일).

□ 꽃봉오리(9월 24일).

## 고마리 (마디풀과)

물가에서 자라며 물을 깨끗하게 한다. 봄에 어린순이나 잎이 벌어지기 시작했을 때 데쳐서 물에 담가 우려낸 뒤 된장이나 간장, 초고추장에 무치거나, 된장국을 끓여 먹는다. 웃자라면 잎과 줄기에 가시가 돋아 먹지 않는다. 꽃은 튀김을 한다.

**한해살이풀**

**크기** 60~80cm
**꽃 피는 때** 8~10월
**자라는 곳** 물가
**나물 할 때** 봄(잎),
　　　　　　 가을(꽃)

□ 꽃 핀 전체 모습(10월 1일).

□ 튀김 할 꽃(10월 4일).

□ 고마리 꽃 튀김(10월 4일).

□ 뜯은 나물(4월 30일).

□ 나물 하기 좋은 때(5월 13일).

## 쇠비름 (쇠비름과)

한해살이풀

마치현, 장명채라고도 한다. 연한 잎과 줄기로 겉절
이를 하거나, 데쳐서 초고추장에 무쳐 먹는다. 비빔
밥에 넣거나, 쌈으로 먹어도 맛있다. 대장암 예방과
당뇨병에 좋다. 많이 먹으면 요로결석이 생기는 옥
살산이 들어 있으므로 충분히 우려내고 먹는다.

**크기** 15~30cm
**꽃 피는 때** 5~8월
**자라는 곳** 밭, 빈 터
**나물 할 때** 늦봄~여름

□ 꽃 핀 모습(5월 23일).

□ 뜯은 나물(7월 1일).

□ 쇠비름 초고추장 무침(8월 3일).

□ 쇠비름 양배추 쌈밥(7월 2일).

□ 나물 하기 좋은 때(3월 3일). □ 돌밭에서 자라는 모습(2월 11일).

## 벼룩이자리(석죽과)

모래별꽃이라고도 한다. 벼룩나물과 비슷한데, 전
체에 털이 있다. 냉이를 캘 무렵에 나물 해 먹으면
맛있다. 땅 위에 올라온 어린순을 잡아당기면 뿌리
가 똑 떨어진다. 이것을 냉이와 된장국에 넣기도 하
고, 데쳐서 무쳐 먹기도 한다. 콩가루를 묻혀 찐 다
음 무쳐도 별미다.

**두해살이풀**

**크기** 10~25cm
**꽃 피는 때** 4~5월
**자라는 곳** 들
**나물 할 때** 겨울~
　　　　　　 이듬해 봄

236

■ 꽃 핀 모습(4월 20일).

■ 뜯은 나물(2월 11일). ■ 벼룩이자리 된장국(2월 11일).

□ 나물 하기 좋은 때(4월 12일).

## 벼룩나물(석죽과)

벼룩별꽃이라고도 한다. 꽃잎이 다섯 장인데, 깊이 파여 열 장처럼 보인다. 마주나는 잎은 갸름하고 반들반들하며, 전체에 털이 없다. 어린순을 뜯어 겉절이를 하거나, 초고추장에 무쳐 먹는다. 고기와 쌈을 먹을 때 몇 장 넣으면 맛있다. 데쳐서 간장이나 고추장에 무치기도 한다.

**두해살이풀**

**크기** 15~25cm
**꽃 피는 때** 4~6월
**자라는 곳** 빈 터, 논밭
**나물 할 때** 봄

□ 꽃 핀 모습(4월 12일).

□ 뜯은 나물(4월 12일).

□ 점나도나물 나물 하기 좋은 때(4월 14일).

## 점나도나물⊃유럽점나도나물 (석죽과)

줄기와 잎에 털이 많고, 깊이 파인 꽃잎은 다섯 장
이다. 어린순을 데쳐서 무치거나, 된장국을 끓여 먹
는다. 냉이 된장국을 끓일 때 넣어도 맛있다. 이 무
렵 막 나기 시작한 부추와 조갯살을 넣고 전을 부쳐
도 좋다. 벼룩이자리와 같이 먹어도 잘 어울린다.
유럽점나도나물도 같은 방법으로 먹는다.

| 두해살이풀 |
| --- |
| **크기** 15~25cm |
| **꽃 피는 때** 4~7월 |
| **자라는 곳** 밭, 들 |
| **나물 할 때** 봄 |

240

□ 점나도나물 이른 봄 모습(3월 7일).

□ 점나도나물 꽃(5월 1일).

□ 유럽점나도나물 나물 하기 좋은 때(3월 1일).

□ 유럽점나도나물 꽃(4월 12일).

□ 점나도나물 뜯은 나물(3월 20일).

□ 별꽃 나물 하기 좋은 때(4월 3일).

## 별꽃⊃쇠별꽃(석죽과)

꽃이 별 모양을 닮아 별꽃이다. 어린순을 데쳐서 된
장이나 간장에 무쳐 먹는다. 땅콩이나 호두 가루를
넣고 무쳐도 맛이 잘 어우러진다. 전을 부칠 때 잎
을 생으로나 갈아서 넣으면 빛깔도 곱고 맛있다. 데
쳐서 된장국을 끓이기도 한다. 쇠별꽃도 같은 방법
으로 먹는다.

**두해살이풀**

**크기** 10~20cm
**꽃 피는 때** 2~6월
**자라는 곳** 길가, 들,
　　　　빈 터
**나물 할 때** 봄, 양지바른
　　　　데서는
　　　　1년 내내

242

□ 별꽃 꽃 핀 모습(3월 18일).

□ 쇠별꽃 꽃 핀 모습(4월 26일).

□ 쇠별꽃 나물 하기 좋은 때(4월 14일).

□ 별꽃 전(5월 6일).

□ 쇠별꽃 뜯은 나물(5월 9일).

□ 쇠별꽃 무침(5월 9일).

□ 나물 하기 좋은 때(4월 25일).

## 명아주 (명아주과)

느쟁이, 느장이라고도 한다. 줄기를 삶아 청려장이라는 지팡이를 만든다. 어린순을 뜯어 잎에 있는 흰가루를 털어 내고 먹는다. 데쳐서 된장이나 간장에무치면 부드럽고 맛있다. 묵나물로 먹거나, 명아주밥을 짓기도 한다. 많이 먹으면 몸이 붓는 성질이있으니 조심한다.

**한해살이풀**

**크기**  30~200cm
**꽃 피는 때**  6~10월
**자라는 곳**  빈 터, 밭
**나물 할 때**  봄

244

□ 자란 모습(7월 6일).

□ 꽃 핀 모습(10월 7일).

□ 단풍 든 모습(8월 31일).

□ 뜯은 나물(4월 25일).

□ 명아주 나물(5월 13일).

□ 명아주 밥(9월 5일).

□ 나물 하기 좋은 때(7월 6일).

## 쇠무릎(비름과)

줄기 마디가 불뚝하여 소 무릎을 닮았다고 쇠무릎
이다. 우슬이라고도 한다. 예전에는 뱀에 물렸을 때
줄기와 잎을 찧어 발랐다. 연한 순을 생으로 먹어도
되고, 데쳐서 된장이나 초고추장에 무쳐도 맛있다.
다른 나물과 섞어서 먹기도 한다. 뿌리는 신경통이
나 관절염 등에 약으로 쓴다.

| 여러해살이풀 |
| --- |
| **크기** 50~100cm |
| **꽃 피는 때** 8~9월 |
| **자라는 곳** 산과 들 |
| **나물 할 때** 봄~여름 |

□ 꽃 핀 모습(9월 3일).

□ 불뚝한 마디(8월 30일).

□ 뜯은 나물(7월 6일).

□ 나물 하기 좋은 때(4월 12일).

## 유채 (십자화과)

기름을 짜는 채소라고 유채다. 유채 씨 기름을 채종
유라 한다. 기름을 짜고, 나물 해 먹고, 꽃을 보기
위해 심어 가꾼다. 들판에 퍼져 절로 자라기도 한
다. 어린순을 겉절이 하거나 쌈으로 먹는다. 데쳐서
된장이나 간장에 무쳐도 부드럽고 맛있다. 된장국
을 끓이기도 한다.

### 두해살이풀

**크기** 100cm 정도
**꽃 피는 때** 4~5월
**자라는 곳** 밭이나 들,
빈 터
**나물 할 때** 봄, 겨울

□ 자란 모습(4월 12일).

□ 뜯은 나물(4월 12일).

□ 꽃 핀 모습(5월 4일).

□ 유채 겉절이(4월 20일).

□ 나물 하기 좋은 때(3월 15일).

## 갓 (십자화과)

밭에 심어 가꾼다. 퍼져 자라는 것은 심어 가꾼 것
보다 매운맛이 강하고 향도 짙다. 씨는 가루를 내어
겨자를 만든다. 잎이 붉은 것은 적색갓, 푸른 것은
청색갓, 섞인 것은 얼청갓이라 한다. 어린순을 뜯어
서 쌈으로 먹거나, 갓김치를 담근다. 톡 쏘는 맛과
향이 독특하다.

**두해살이풀**

**크기** 100cm 정도
**꽃 피는 때** 4~6월
**자라는 곳** 들, 빈 터
**나물 할 때** 봄, 겨울

250

ㅁ 어린 모습(4월 20일).

ㅁ 잎이 푸른 갓(4월 20일).

ㅁ 꽃 핀 모습(4월 20일).

ㅁ 갓김치(7월 20일).

□ 나물 하기 좋은 때(3월 1일).

## 냉이 (십자화과)

**두해살이풀**

**크기** 10~50cm
**꽃 피는 때** 3~6월
**자라는 곳** 들, 집 둘레
**나물 할 때** 봄

나새이, 나생이라고도 한다. 꽃대가 올라오기 전에
뿌리째 캐서 겉절이를 하거나, 된장국을 끓여 먹는
다. 콩가루를 묻혀 찌거나, 데쳐서 무쳐도 맛있다.
데친 걸 된장이나 쌈장에 찍어 먹기도 하고, 다져서
초밥 만들 때 넣으면 향이 좋고, 씹는 맛도 그만이
다. 고혈압이나 당뇨 등에 약으로 쓴다.

□ 꽃대 올라오는 모습(3월 12일).

□ 꽃 핀 모습(3월 12일).

□ 뿌리째 캔 냉이(3월 2일).

□ 데친 냉이 나물(3월 2일).

□ 냉이 된장국(3월 2일).

□ 냉이 초밥(3월 9일).

□ 나물 하기 좋은 때(3월 1일).

## 말냉이 (십자화과)

냉이보다 커서, 짐승 가운데 큰 편인 말을 빗대어 말냉이가 되었다. 말냉이 잎은 냉이보다 짙은 녹색이고 두껍다. 톱니도 깊이 갈라지지 않는다. 어릴 때 뿌리째 캐서 냉이처럼 된장국을 끓여 먹는다. 데쳐서 무치기도 한다. 콩가루를 묻혀 국을 끓이거나, 콩가루를 묻혀 찐 다음 무쳐도 맛있다.

**두해살이풀**

**크기** 20~50cm
**꽃 피는 때** 3~5월
**자라는 곳** 밭둑, 빈 터
**나물 할 때** 봄

겨울 나는 뿌리잎(3월 25일).

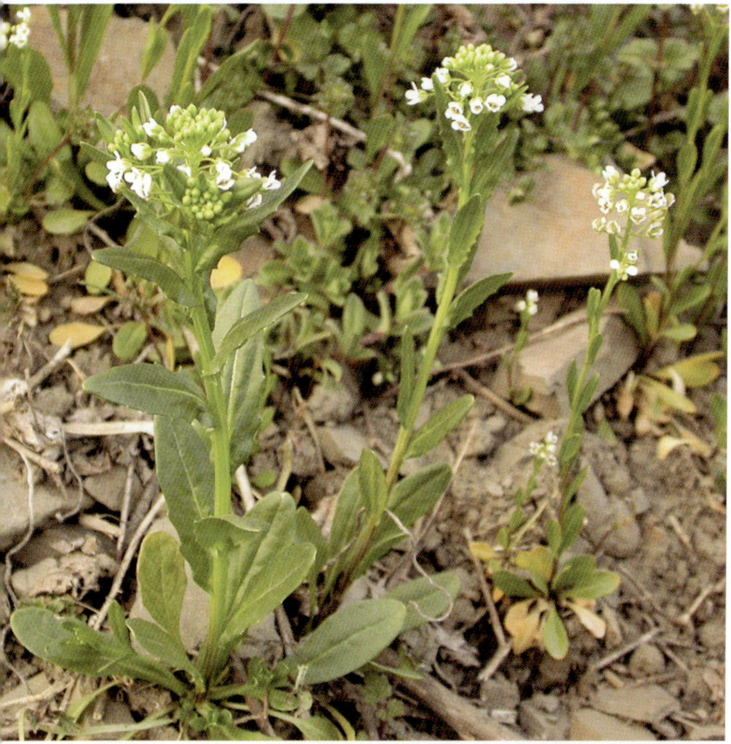

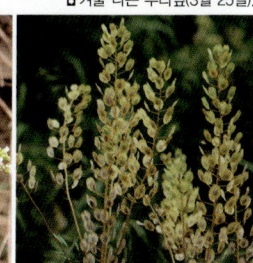

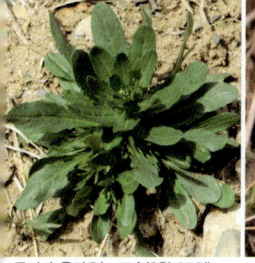

줄기가 올라오는 모습(3월 30일).

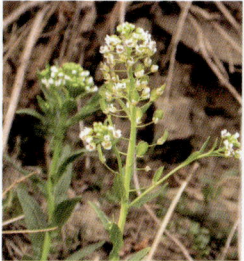

열매 맺는 모습(3월 27일).

열매(5월 23일).

□ 나물 하기 좋은 때(5월 4일).

## 물냉이 (십자화과)

꽃이 냉이를 닮았고 물가에서 자라 물냉이다. 줄기
아랫부분은 옆으로 기며 마디에서 뿌리를 내린다.
하얀 뿌리가 수염처럼 난다. 톡 쏘는 맛이 나서 어
린순을 뜯어 닭고기 샐러드를 만들거나, 고기와 쌈
을 먹을 때 넣기도 한다. 데쳐서 무쳐도 맛있다.

**여러해살이풀**

**크기**  30~90cm
**꽃 피는 때**  4~5월
**자라는 곳**  개울가,
　　　　　　　논 둘레
**나물 할 때**  봄

◻ 물가에서 자라는 모습(5월 4일).

◻ 꽃(5월 23일).

◻ 열매 맺는 모습(5월 23일).

◻ 뜯은 나물(5월 5일).

□ 나물 하기 좋은 때(3월 1일).

## 꽃다지 (십자화과)

### 두해살이풀

**크기** 10~25cm
**꽃 피는 때** 3~5월
**자라는 곳** 들, 빈 터
**나물 할 때** 봄

이른 봄에 밭에 가 보면 냉이와 같이 나 있다. 지난
해에 싹이 나 겨울을 난 모습이다. 냉이처럼 꽃대가
올라오기 전에 뿌리째 캔다. 뿌리는 두고 잎만 똑
따기도 한다. 꽃다지는 냉이와 된장국을 끓이거나,
다른 나물과 데쳐서 무쳐 먹는다. 쓴맛이 없고 부드
럽다.

■ 꽃 핀 모습(3월 26일).

■ 이 때도 나물 하기 좋다(3월 9일).

■ 꽃이 피기 시작한 모습(3월 9일).

□ 나물 하기 좋은 때(5월 3일).

## 돌나물 (돌나물과)

꽃이 피기 전까지 먹을 수 있다. 초고추장 양념을 상에 내기 바로 전에 얹거나 무쳐서 먹는다. 미리 무쳐 놓으면 물이 생긴다. 돌나물 물김치를 담글 때 돌미나리를 넣으면 아삭한 맛과 향이 잘 어우러진다. 무를 채 썰어 넣어도 맛있다. 갈아서 즙으로 먹기도 한다.

**여러해살이풀**

**크기** 15cm 정도
**꽃 피는 때** 5~6월
**자라는 곳** 밭둑, 빈 터
**나물 할 때** 봄~여름

■꽃 핀 모습(5월 24일).

■뜯은 나물(4월 14일).

■돌나물 초고추장 무침(4월 18일).

■돌나물 물김치(4월 28일).

□ 나물 하기 좋은 때(5월 3일).

□ 꽃 핀 모습(5월 6일).

□ 뜯은 나물(3월 1일).

## 가락지나물 (장미과)

잎이 손을 닮았고, 꽃이 피면 손에 가락지를 낀 것
같다고 가락지나물이다. 뿌리잎이 작은 잎 다섯 장
으로 된 손바닥 모양이다. 줄기잎은 작은 잎 세 장
이다. 줄기는 비스듬히 기면서 자라다 윗부분이 선
다. 부드러운 잎을 다른 나물과 같이 데쳐서 무치거
나, 묵나물로 먹는다.

**여러해살이풀**

**크기** 20~60cm
**꽃 피는 때** 5~7월
**자라는 곳** 축축한 곳
**나물 할 때** 봄

□ 나물 하기 좋은 때(4월 14일).

□ 자란 모습(6월 21일).

□ 꽃 핀 모습(8월 30일).

□ 뜯은 나물(4월 14일).

**여러해살이풀**

**크기** 100~200cm
**꽃 피는 때** 6~9월
**자라는 곳** 들이나
　　　　　　산기슭
**나물 할 때** 봄

## 갈퀴나물(콩과)

덩굴손이 갈퀴를 닮았고, 나물 해 먹는다고 갈퀴나물이다. 말굴레풀, 말너울풀이라고도 한다. 줄기는 가늘고 네모나며 길게 뻗는다. 작은 잎 여러 장으로 된 잎은 잎자루 끝이 2~3개로 갈라진 덩굴손이 있다. 어린순을 뜯어 쌈으로 먹거나, 겉절이를 한다. 데쳐서 무쳐도 맛있다.

□ 나물 하기 좋은 때(3월 2일).

## 살갈퀴(콩과)

잎 끝이 갈퀴처럼 갈라져서 살갈퀴다. 새순을 덩굴이 자라기 전에 데쳐서 무쳐 먹는다. 열매는 콩이여물기 전에 꼬투리를 따서 튀김을 하거나, 데쳐서볶아 먹는다. 어린 열매를 뜨거운 물에 데쳐서 버섯이나 멸치 등과 같이 볶는다. 콩은 완두처럼 삶아먹고, 밥에 넣어도 맛있다.

### 두해살이풀

**크기** 60~150cm
**꽃 피는 때** 4~5월
**자라는 곳** 양지바른 들, 풀밭, 길가
**나물 할 때** 봄

□ 꽃 핀 모습(4월 12일).

□ 열매(5월 6일).

□ 꼬투리 속에 든 콩(5월 3일).

□ 어린 모습(1월 7일).

□ 뜯은 나물(3월 1일).

□ 나물 하기 좋은 때(4월 17일).

## 자운영 (콩과)

자줏빛 구름 같은 꽃이라고 자운영이다. 풋거름으로 쓰거나 꽃을 보기 위해 심어 가꾸며, 절로 자라기도 한다. 꽃이 피기 전에 뜯어야 맛있다. 잎과 어린순을 데쳐서 된장이나 고추장, 간장에 무친다. 쓴나물과 섞으면 맛이 더 잘 어우러진다. 꽃은 튀김을 해 먹는다.

**크기** 10~25cm
**꽃 피는 때** 4~6월
**자라는 곳** 논
**나물 할 때** 봄

꽃 핀 모습(5월 11일).

뜯은 나물(4월 5일).

자운영 나물(4월 5일).

□ 괭이밥 나물 하기 좋은 때(5월 1일).

## 괭이밥⊃붉은괭이밥 (괭이밥과)

고양이가 소화가 안 되거나 배가 아플 때 뜯어 먹는 다고 괭이밥이다. 잎에서 새콤한 맛이 나는데, 소화를 도와 주는 수산이라는 성분이 들어 있다. 봄과 여름에 보드라운 잎을 뜯어 무치거나, 비빔밥에 넣는다. 데쳐서 무쳐도 상큼하다. 잎과 줄기가 붉은 붉은괭이밥도 같은 방법으로 먹는다.

**크기** 10~30cm
**꽃 피는 때** 4~9월
**자라는 곳** 길가, 빈 터
**나물 할 때** 봄~여름

268

□ 붉은빛이 도는 괭이밥(6월 7일).

□ 괭이밥 열매(5월 15일).

□ 괭이밥 뜯은 나물(6월 30일).

□ 나물 하기 좋은 때(4월 14일).

## 제비꽃 <sub>(제비꽃과)</sub>

강남 갔던 제비가 올 때 핀다고 제비꽃이다. 오랑캐
꽃, 장수꽃이라는 별명도 있다. 뿌리는 중풍, 설사,
황달 등에 약으로 쓴다. 잎은 다른 나물과 같이 데
쳐서 무치고, 꽃은 진달래처럼 꽃전을 부친다. 잎을
같이 넣으면 더 예쁘다. 먹을 수 있는 꽃과 나물은
모두 꽃전을 부칠 수 있다.

**여러해살이풀**

**크기** 5~20cm
**꽃 피는 때** 4~5월
**자라는 곳** 양지쪽 풀밭,
　　　　　들, 빈 터
**나물 할 때** 봄

□ 꽃 핀 모습(4월 21일).

□ 뜯은 나물(4월 15일).

□ 제비꽃 잎 무침(4월 15일).

□ 제비꽃 전(3월 30일).

□ 꽃 핀 모습(4월 29일).  □ 나물 하기 좋은 때(4월 14일).

## 종지나물 (제비꽃과)

심장 모양 잎이 종지를 닮았다고 종지나물이다. 미국제비꽃이라고도 한다. 뜰에 심어 가꾸고, 절로 퍼져 자라기도 한다. 보드라운 잎을 데쳐서 무쳐 먹는다. 잎과 꽃을 수놓아 꽃전을 부치기도 하고, 잎은 쌈으로 먹거나 겉절이를 해도 맛있다.

여러해살이풀

**크기** 20cm 정도
**꽃 피는 때** 4~5월
**자라는 곳** 뜰, 빈 터
**나물 할 때** 봄

□ 나물 하기 좋은 때(4월 29일).

| 두해살이풀 | **달맞이꽃**(바늘꽃과) |

**두해살이풀**

**크기** 50~90cm
**꽃 피는 때** 7~8월
**자라는 곳** 들, 빈 터
**나물 할 때** 봄~여름

## 달맞이꽃(바늘꽃과)

잎은 줄기가 자라기 시작할 때 새순을 먹는다. 매운 맛이 나므로 데쳐서 찬물에 우려내고 무친다. 가지가 갈라지면 곁가지도 데쳐서 무치거나, 묵나물로 먹는다. 꽃은 꽃자루까지 뜯어 튀김을 한다. 끓는 물에 살짝 담갔다 건져서 초무침 하거나, 매실 진액에 무쳐도 맛있다.

□ 꽃 핀 모습(8월 6일).

□ 겨울 나는 뿌리잎(12월 3일).

□ 달맞이꽃 잎 무침(7월 25일).

□ 말린 나물(8월 19일).

□ 달맞이꽃 튀김(8월 25일).

□ 달맞이꽃 초무침(8월 25일).

□ 나물 하기 좋은 때(4월 30일).

□ 꽃 핀 모습(8월 15일).

□ 뜯은 나물(4월 1일).

---

**여러해살이풀**

**크기** 80cm 정도
**꽃 피는 때** 7~8월
**자라는 곳** 논 둘레,
　　　　　　도랑 둘레,
　　　　　　묵은 논
**나물 할 때** 봄

# 미나리(산형과)

가꾸지 않고 절로 자라는 미나리를 돌미나리라 한다. 돌미나리는 미나리보다 향이 훨씬 진하고, 잎줄기 아래쪽에 자줏빛이 돈다. 연한 잎과 줄기는 생으로 먹거나, 데쳐서 무쳐 먹는다. 날것을 갈아 즙을 마시기도 한다. 생선 찌개에 넣으면 비린내가 나지 않으며, 전을 부쳐도 향긋하고 맛있다.

275

□ 나물 하기 좋은 때(3월 1일).

## 사상자(산형과)

꽃이 뱀의 침상 모양 같다고 사상자라는 이름이 붙었다. 뱀도랏이라고도 한다. 전체에 짧게 누운 털이 있다. 잎이 깃 모양으로 잘게 갈라진다. 어린잎과 순을 생으로나 데쳐서 쌈 싸 먹고, 간장이나 된장에 무쳐 먹기도 한다. 열매를 사상자라 하여 소염제, 강장제 등으로 쓴다.

**두해살이풀**

**크기** 30~70cm
**꽃 피는 때** 6~8월
**자라는 곳** 낮은 산자락,
들
**나물 할 때** 봄

276

□ 어릴 때 뜯은 나물(3월 1일).

□ 꽃 핀 모습(6월 3일).

□ 봄물 오른 뿌리잎(4월 13일).

□ 순 나물 하기 좋은 때(5월 25일).

□ 열매(6월 21일).

□ 순 뜯은 나물(6월 5일).

□ 나물 하기 좋은 때(4월 23일).

## 까치수염 (앵초과)

개꼬리풀, 꽃꼬리풀이라고도 한다. 부드러운 잎과 어린순을 데쳐서 찬물에 우려내고 반찬을 하면 신맛이 옅어진다. 생으로 쌈을 싸 먹기도 하고, 데쳐서 무치거나 된장국을 끓이기도 한다. 총총 썰어 비빔밥에 넣어도 맛있다. 신맛이 나서 목이 마를 때 한 잎 따 먹으면 침이 고인다.

### 여러해살이풀

**크기** 50~100cm
**꽃 피는 때** 6~8월
**자라는 곳** 축축한 풀밭
**나물 할 때** 봄

□ 꽃 핀 모습(6월 4일).

□ 자란 모습(5월 9일).

□ 가름하고 털이 난 잎(6월 27일).

□ 메꽃 나물 하기 좋은 때(5월 7일).

## 메꽃 ⊃ 애기메꽃 (메꽃과)

여러해살이풀

**크기** 200cm 정도
**꽃 피는 때** 6~8월
**자라는 곳** 들, 빈 터
**나물 할 때** 봄~여름

나팔꽃처럼 생겼는데, 분홍빛 꽃이 핀다. 잎이 방패 모양이다. 메꽃 뿌리줄기를 메라고 하는데, 이걸 캐서 밥에 넣거나 구워 먹는다. 튀김을 해도 맛있다. 어린순은 데쳐서 무치거나 볶아 먹는다. 많이 먹으면 현기증이 나거나 설사를 할 수 있으니 주의한다.

□ 애기메꽃 꽃 핀 모습(5월 30일).

□ 애기메꽃 어린 모습(4월 25일).

□ 메꽃 뜯은 나물(5월 18일).

□ 메꽃 뿌리줄기(5월 9일).

□ 메꽃 멸치 볶음(5월 18일).

□ 나물 하기 좋은 때(4월 14일).

□ 꽃 핀 모습(4월 14일).　　　　□ 뿌리잎(11월 16일).　　　　□ 뜯은 나물(4월 14일).

## 꽃마리 (지치과)

꽃이 필 때 꽃차례가 돌돌 말려서 꽃말이라 하다가 꽃마리가 되었다. 뿌리잎이 꽃 방석 모양으로 돌려나 겨울을 난다. 부드러운 순을 데쳐서 된장국을 끓이거나, 멸치와 다시마로 국물을 내고 된장을 살짝 푼 다음 들깨 가루를 넣어도 맛있다. 참기름이나 들기름을 넣고 무치거나 볶기도 한다.

**두해살이풀**

**크기** 10~30cm
**꽃 피는 때** 3~6월
**자라는 곳** 밭 둘레,
　　　　　길가, 빈 터
**나물 할 때** 봄

□ 나물 하기 좋은 때(5월 9일).

□ 자란 모습(5월 26일).

□ 꽃 핀 모습(6월 8일).

| 여러해살이풀 |
| --- |

**크기** 30~60cm
**꽃 피는 때** 5월 말~
　　　　　8월
**자라는 곳** 논두렁,
　　　　　축축한 풀밭
**나물 할 때** 봄

## 석잠풀(꿀풀과)

꽃이 층층으로 돌려나면서 핀다. 줄기는 곧게 서고 네모나다. 잎은 마주나고, 위로 올라갈수록 작아진다. 논두렁이나 축축한 곳에서 자란다. 어린순을 데쳐서 된장이나 간장에 무쳐 먹는다. 다른 나물과 섞어 먹어도 맛있다. 농약을 치지 않은 깨끗한 곳에서 뜯어야 한다.

□ 나물 하기 좋은 때(5월 23일).

## 배초향(방아) (꿀풀과)

방아라고도 한다. 독특한 향이 나서 추어탕에 넣거
나, 잘게 썰어 부추와 전을 부쳐도 맛있다. 남쪽 지
방에서는 장독대나 텃밭, 집 둘레에 흔히 심어 가꾼
다. 어린잎은 나물로도 먹지만, 추어탕처럼 생선으
로 끓인 찌개나 탕에 넣어 비린 맛을 없앤다. 꽃이
피어도 연한 잎은 먹을 수 있다.

여러해살이풀

**크기** 40~150cm
**꽃 피는 때** 7~9월
**자라는 곳** 산과 들의
  양지쪽
**나물 할 때** 봄~여름

□ 꽃 핀 모습(8월 20일).

□ 어린 모습(4월 21일).

□ 자란 모습(5월 25일).

□ 이 때도 나물 할 수 있다(7월 13일).

□ 뜯은 나물(4월 21일).

□ 나물 하기 좋은 때(2월 28일).

## 광대나물(꿀풀과)

| 한두해살이풀 |
| --- |

**크기** 10~30cm
**꽃 피는 때** 3~6월
**자라는 곳** 텃밭,
　　　　　　집 둘레,
　　　　　　길가
**나물 할 때** 봄

꽃이 광대가 분장을 한 것 같고, 나물로 먹어서 광대나물이다. 코딱지나물, 광주리나물, 목걸레나물이라고도 한다. 연한 잎과 줄기를 데쳐서 무치거나, 된장국을 끓인다. 보드라울 때 생으로 비빔밥에 넣거나, 겉절이를 해도 맛있다. 많이 먹으면 구토와 설사가 날 수 있으니 주의한다.

□ 꽃 핀 전체 모습(4월 12일).

□ 뜯은 나물(4월 1일).

□ 나물 하기 좋은 때(8월 13일).

## 소엽(차조기, 차즈기)(꿀풀과)

차조기, 차즈기라고도 한다. 들깨와 닮았는데, 전체에서 자줏빛이 돌고 향이 짙다. 어린잎을 쌈으로 먹고, 송송 썰어 비빔밥에 넣기도 한다. 간장이나 된장에 박아 장아찌를 담가도 맛있다. 열매는 익기 전에 꽃차례를 뜯어 장아찌를 담거나, 튀김을 한다.

### 한해살이풀

**크기** 20~80cm
**꽃 피는 때** 8~9월
**자라는 곳** 들, 빈 터
**나물 할 때** 봄~여름

■ 꽃차례(9월 23일).

■ 자란 모습(9월 3일).

■ 뜯은 나물(8월 13일).

■ 장아찌나 튀김 할 것(9월 25일).

■ 나물 하기 좋은 때(4월 5일).

## 질경이 (질경이과)

여러해살이풀

차전초, 빼뿌쟁이, 빱쟁이라고도 한다. 어린잎을 데
쳐서 기름에 볶거나, 된장이나 간장에 무쳐 먹는다.
국을 끓이거나, 데쳐서 쌈으로 먹어도 맛있다. 튀김
을 하거나, 묵나물을 넣고 질경이 밥을 짓기도 한
다. 데쳐서 꾸들꾸들하게 말린 뒤 고추장이나 된장
에 박아 장아찌를 만들어도 맛있다.

**크기** 10~50cm
**꽃 피는 때** 5월 말~
8월
**자라는 곳** 길가, 빈 터
**나물 할 때** 봄~초가을

□ 꽃 핀 모습(9월 3일).

□ 자라는 모습(6월 26일).

□ 뜯은 나물(4월 5일).

□ 쌈이나 튀김 할 나물(9월 3일).

□ 질경이 볶음(4월 5일).

□ 질경이 튀김(9월 1일).

◻ 떡 해 먹기 좋은 때(3월 3일).

## 떡쑥 (국화과)

두해살이풀

개쑥이라고도 한다. 주걱 모양 잎은 하얀 솜을 뒤집
어쓴 것 같은데, 찢어 보면 섬유소가 솜털처럼 늘어
진다. 이것 때문에 떡을 하면 쑥보다 차지고 맛있
다. 어린순을 데쳐서 떡을 하면 특유의 향이 난다.
쑥처럼 데친 걸 얼렸다가 떡을 하기도 한다.

**크기** 15~40cm
**꽃 피는 때** 4~6월
**자라는 곳** 길가, 밭둑,
　　　　　　논둑, 빈 터
**나물 할 때** 봄

□ 자란 모습(4월 5일).

□ 꽃 핀 모습(5월 18일).

□ 섬유소가 많은 잎(4월 5일).

□ 뜯은 나물(3월 23일).

■ 나물 하기 좋은 때(4월 25일).

## 금불초 (국화과)

금불초는 금 부처 꽃이라는 뜻이다. 노란 꽃이 무더
기로 핀 것을 보고 금불상을 떠올린 듯하다. 금화
같다고 금전화라는 별명도 있다. 어린순을 데쳐서
간장이나 된장에 무치거나, 된장국을 끓인다. 같은
때 나는 다른 나물과 무치면 맛이 잘 어우러진다.

**크기** 20~60cm
**꽃 피는 때** 7~9월
**자라는 곳** 산과 들의
　　　　　풀밭
**나물 할 때** 봄

■ 싹도 나물 하기 좋대(4월 19일).

■ 꽃 핀 모습(8월 13일).

■ 가을 잎(9월 25일).

■ 자란 잎(8월 1일).

■ 뜯은 나물(4월 25일).

■ 금불초 나물(4월 26일).

❏ 덩이 뿌리줄기(9월 25일).

## 뚱딴지(국화과)

감자가 아닌데 뚱딴지같이 덩이 모양 뿌리줄기가 달린다고 뚱딴지다. 돼지 같은 집짐승 먹이로 써서 돼지감자라고도 한다. 어린잎은 해바라기를 닮았다. 뿌리줄기 껍질을 벗기고 샐러드를 만들거나, 익혀서 먹기도 한다. 된장에 박아 장아찌를 만들어도 맛있다.

**크기** 150~300cm
**꽃 피는 때** 8~10월
**자라는 곳** 마을 둘레,
　　　　　 밭둑, 빈 터
**나물 할 때** 가을

□ 꽃(9월 30일).

□ 어린잎(8월 6일).

■ 나물 하기 좋은 때(4월 18일).

## 쑥부쟁이 (국화과)

부지깽이나물이라고도 한다. 들국화라고 하는 꽃 가운데 하나다. 잎 가장자리에 굵은 톱니가 있다. 어린순을 데쳐서 나물로 먹는데, 쑥부쟁이만 먹어 도 맛있고, 다른 나물과 섞어도 좋다. 데쳐서 된장 국을 끓이거나, 묵나물로 먹기도 한다. 생으로나 묵 나물로 쑥부쟁이 밥을 짓기도 한다.

**여러해살이풀**

**크기** 30~100cm
**꽃 피는 때** 7~10월
**자라는 곳** 산과 들의
　　　　축축한 곳
**나물 할 때** 봄

□ 꽃 핀 모습(10월 12일).

□ 자라는 모습(4월 18일).

□ 뜯은 나물(4월 18일).

□ 쑥부쟁이 묵나물(8월 24일).

□ 나물 하기 좋은 때(4월 15일).

## 개쑥부쟁이 (국화과)

들국화라고 하는 꽃 가운데 하나다. 봄에 어린잎을 다른 나물과 같이 데쳐서 간장이나 된장에 무치거나, 국을 끓인다. 개망초를 닮은 뿌리잎을 생으로나 말렸다가 개쑥부쟁이 밥을 지어도 좋다. 줄기가 자라기 시작했을 때 새순도 같은 방법으로 먹는다.

**여러해살이풀**

**크기** 30~100cm
**꽃 피는 때** 7~10월
**자라는 곳** 산과 들
**나물 할 때** 봄(뿌리잎),
　　　　　　여름(순)

□ 싹(3월 23일).

□ 꽃 핀 모습(9월 23일).

□ 가을 모습(10월 26일).

□ 줄기가 올라오는 모습(5월 15일).

□ 자란 모습(6월 17일).

□ 꽃이 진 모습(10월 20일).

□ 나물 하기 좋은 때(3월 30일).

## 벌개미취(국화과)

짙은 녹색 잎은 갸름하고 털이 없다. 꽃이 쑥부쟁이
나 개쑥부쟁이와 많이 닮았는데, 더 짙은 보랏빛이
다. 연한 잎을 데쳐서 무치거나, 묵나물로 먹는다.
같은 때 나는 다른 나물과 무치면 맛이 잘 어우러진
다. 꽃을 보려고 심어 가꾸기도 한다.

**여러해살이풀**

**크기** 50~90cm
**꽃 피는 때** 6~10월
**자라는 곳** 산과 들의
　　　　　축축한 곳
**나물 할 때** 봄

■ 꽃 핀 모습(7월 6일).

■ 무리지어 핀 모습(8월 12일).

■ 싹도 나물 하기 좋대(4월 1일).

■ 뜯은 나물(4월 14일).

303

◻ 개망초 나물 하기 좋은 때(4월 12일).

## 개망초⊃주걱개망초(국화과)

달걀꽃이라고도 한다. 뿌리잎보다 새순이 올라오기
시작했을 때 뜯어 먹으면 부드럽고 맛있다. 데쳐서
무치거나 볶아도 되고, 국을 끓이기도 한다. 묵나물
을 해도 좋고, 꽃봉오리가 벌어지기 전에 튀김을 해
도 맛있다. 주걱개망초도 같은 방법으로 먹는다.

| 두해살이풀 |
| --- |
| **크기** 30~100cm |
| **꽃 피는 때** 5~9월 |
| **자라는 곳** 들 |
| **나물 할 때** 봄 |

▫ 개망초 자란 모습(5월 10일).

▫ 개망초 꽃 핀 모습(5월 23일).

▫ 주걱개망초 나물 하기 좋은 때(3월 21일).

▫ 주걱개망초 나물 하기 좋은 때(4월 19일).

▫ 개망초 뜯은 나물(4월 25일).

▫ 개망초 나물(4월 25일).

■망초 꽃 핀 모습(9월 3일).

■망초 순 나물 하기 좋은 때(6월 13일).

■망초, 이 때도 나물 한다(11월 23일).

## 망초⊃큰망초 (국화과)

밭에 자라면 농사가 망한다 해서 망초다. 뿌리잎을
데쳐서 매운맛을 우려내고 무치거나 볶아 먹는다.
새순이 올라오기 시작할 때 데쳐서 무치거나 볶아
도 맛있다. 된장국을 끓이거나 묵나물, 튀김도 한
다. 큰망초도 같은 방법으로 먹는다.

### 두해살이풀

**크기** 100~150cm
**꽃 피는 때** 7~9월
**자라는 곳** 들, 빈 터
**나물 할 때** 겨울~
　　　　　이듬해
　　　　　초여름

□ 큰망초 나물 하기 좋은 때(11월 21일).

□ 큰망초 꽃 핀 모습(9월 1일).

□ 망초 캔 나물(3월 3일).

□ 망초 순 무침(7월 9일).

□ 큰망초 뜯은 나물(3월 9일).

□ 큰망초 나물(3월 9일).

□ 잎자루 나물 하기 좋은 때(6월 4일).

## 머위 (국화과)

머구, 머굿대라고도 한다. 잎자루째 뜯은 어린잎을 데쳐서 쌈으로 먹거나, 무쳐 먹는다. 자라면 잎자루 껍질을 벗기고 삶은 다음 초고추장에 무치거나 볶는다. 들깨 가루를 넣어 만든 머위 들깨찜도 별미다. 벗긴 껍질은 고추장에 박아 장아찌를 만들고, 꽃봉오리는 데쳐서 무치거나 튀김을 한다.

**여러해살이풀**

**크기** 10~60cm
**꽃 피는 때** 3~4월
**자라는 곳** 산과 들의 축축한 곳
**나물 할 때** 봄~여름

□ 뜯은 나물(3월 30일).

□ 꽃은 튀김, 잎은 나물 하기 좋은 때(3월 31일).

□ 데친 나물(4월 1일).

□ 머위 들깨찜(5월 17일).

□ 장아찌 할 잎자루 껍질(4월 16일).

□ 머위 껍질 장아찌(5월 18일).

□ 나물 하기 좋은 때(6월 5일).

## 비름 (비름과)

한해살이풀

참비름이라고도 한다. 매끄러운 줄기에 잎자루가
긴 잎이 어긋나게 달린다. 어린순을 데쳐서 된장이
나 간장, 고추장을 넣고 무친다. 초고추장에 새콤달
콤하게 무쳐도 맛있다. 심어 가꾸기도 하는데, 순을
따면 옆에 새순이 또 자라서 오래 먹을 수 있다.

**크기** 100cm 정도
**꽃 피는 때** 7월
**자라는 곳** 집 근처,
　　　　　　밭, 빈 터
**나물 할 때** 봄~여름

□ 자라는 모습(7월 3일).

□ 꽃 핀 모습(7월 3일).

□ 뜯은 나물(6월 9일).

□ 비름 나물(6월 14일).

□ 나물 하기 좋은 때(4월 2일).

## 쑥(국화과)

쑥쑥 잘 자라서 쑥이다. 잎 뒤에 하얀 털이 빽빽해 뽀얗다. 어릴 때는 쑥국을 끓이고, 자라면 쑥털털이를 하고, 더 자라면 쑥인절미나 쑥절편, 쑥송편 등을 한다. 데쳐서 쑥밥을 지어도 맛있다. 단오가 지나면 쓴맛이 나서 잘 먹지 않는다. 잎이나 꽃을 말려 차도 만든다.

| 여러해살이풀 | |
|---|---|
| **크기** | 60~120cm |
| **꽃 피는 때** | 7~10월 |
| **자라는 곳** | 산과 들의 풀밭 |
| **나물 할 때** | 봄~초여름 |

▫ 초가을 모습(9월 3일).

▫ 쑥털털이나 떡 하기 좋은 때(4월 9일).

▫ 자란 모습(6월 15일).

▫ 쑥국 끓이기 좋은 쑥(3월 2일).

▫ 쑥털털이(4월 3일).

▫ 쑥절편(5월 10일).

□ 나물 하기 좋은 때(5월 3일).

## 겹삼잎국화 (국화과)

삼잎국화를 닮았고, 꽃이 겹으로 피어 겹삼잎국화
다. 노란 꽃이 피고, 키가 커서 키다리노랑꽃이라는
별명도 있다. 잎이 새 깃 모양으로 갈라지고, 위로
올라갈수록 덜 갈라진다. 어린순은 데쳐서 초고추
장에 찍어 먹거나 무쳐 먹는다. 털이 없어 부드럽
다. 집 가까이 있어서 급할 때 먹을 수 있다.

| 여러해살이풀 |
| --- |
| **크기** 150~200cm |
| **꽃 피는 때** 7~8월 |
| **자라는 곳** 집 둘레 |
| **나물 할 때** 봄 |

□ 자란 잎(5월 9일).

□ 뜯은 나물(5월 6일).

□ 겹삼잎국화 초고추장 무침(5월 6일).

□ 가막사리 나물 하기 좋은 때(8월 20일).

## 가막사리 ⊃ 미국가막사리 (국화과)

한해살이풀

열매가 익으면 도깨비바늘처럼 둥글게 벌어진다. 씨 끝에 미늘처럼 거꾸로 된 가시가 있어 사람 옷이나 동물 털에 잘 붙는다. 독특한 향이 나는 어린순을 쌈으로 먹거나, 데쳐서 무친다. 묵나물로 먹어도 맛있다. 미국가막사리도 같은 방법으로 먹는다.

**크기** 20~150cm
**꽃 피는 때** 8~10월
**자라는 곳** 습지
**나물 할 때** 봄~초가을

□ 가막사리 꽃 핀 모습(9월 26일).

□ 미국가막사리 꽃 핀 모습(9월 20일).

□ 미국가막사리 나물 하기 좋은 때(6월 29일).

□ 가막사리 종류 열매(11월 21일).

□ 미국가막사리 쌈 나물(9월 3일).

□ 미국가막사리 나물(9월 1일).

□ 나물 하기 좋은 때(3월 12일).

## 조뱅이 (국화과)

조바리라고도 한다. 엉겅퀴보다 작은 꽃이 봄부터 오래도록 핀다. 잎 가장자리에 불규칙한 톱니가 있고, 잎과 줄기에 하얀 털이 빽빽하다. 어린순을 데쳐서 된장이나 간장에 무치거나, 된장국을 끓인다. 데친 나물을 된장에 찍어 먹어도 맛있다. 전체를 감기나 토혈, 지혈 등에 약으로 쓴다.

**두해살이풀**

**크기** 25~50cm
**꽃 피는 때** 5~8월
**자라는 곳** 들의 빈 터, 논밭 가장자리
**나물 할 때** 봄

□ 꽃 핀 모습(5월 21일).

□ 순도 나물 하기 좋다(4월 12일).

□ 뜯은 나물(3월 15일).

□ 자란 모습(5월 9일).

□ 조뱅이 나물(4월 6일).

□ 나물 하기 좋은 때(3월 25일).

## 지칭개(국화과)

잎과 줄기에 분을 바른 듯 하얀 솜털이 빽빽하다. 뿌리잎은 땅바닥에 붙어서 겨울을 난다. 엉겅퀴 닮은 꽃이 피는데, 작고 잎에 가시도 없다. 어린잎을 데쳐서 된장국을 끓인다. 쓴맛이 강해 한참 우려내고 먹어야 한다. 쓰지 않은 나물과 섞으면 맛이 잘 어우러진다.

### 두해살이풀

**크기** 60~80cm
**꽃 피는 때** 5~7월
**자라는 곳** 들
**나물 할 때** 봄

겨울 난 뿌리잎(3월 1일).

▫ 꽃 핀 모습(5월 23일).

자란 모습(4월 14일).

▫ 바람에 날아가는 씨(5월 23일).

▫ 뜯은 나물(4월 12일).

▫ 데쳐서 쓴맛 우려내기(4월 9일).

□ 나물 하기 좋은 때(3월 23일).

## 쇠서나물(국화과)

거센 털이 있는 잎이 소의 혀처럼 거칠다고 소혀나
물이란 뜻으로 쇠서나물이 되었다. 어릴 때는 털이
보드라워서 먹을 수 있다. 순은 꽃자루가 나오기 시
작할 무렵에 뜯어 다른 나물과 같이 데쳐서 무친다.
쇠서나물만 먹어도 맛있다. 뿌리잎은 겨울과 봄에
데쳐서 무침이나 튀김을 한다.

**두해살이풀**

**크기** 90cm 정도
**꽃 피는 때** 6~10월
**자라는 곳** 산과 들의
　　　　　풀밭
**나물 할 때** 겨울~
　　　　　이듬해 여름

ㅁ 자란 모습(6월 13일).

ㅁ 꽃 핀 모습(10월 14일).

ㅁ 열매 맺는 모습(6월 29일).

ㅁ 줄기잎(5월 29일).

□ 민들레 나물 하기 좋은 때(3월 13일).

□ 서양민들레 열매(5월 1일).

□ 흰민들레 나물 하기 좋은 때(4월 15일).

## 민들레⊃서양민들레, 흰민들레(국화과)

부드러운 잎으로 쌈이나 겉절이를 하고, 장아찌나
김치도 담근다. 데쳐서 무치기도 한다. 뿌리째 캐서
즙을 마시거나, 튀김을 해도 좋다. 꽃은 식초를 넣
은 물에 데쳐서 매실 진액에 무친다. 서양민들레와
흰민들레도 같은 방법으로 먹는다.

| 여러해살이풀 | |
| --- | --- |
| **크기** | 30cm 정도 |
| **꽃 피는 때** | 4~6월 |
| **자라는 곳** | 양지쪽 풀밭 |
| **나물 할 때** | 봄~여름 |

□ 서양민들레 꽃 핀 모습(4월 20일).

□ 흰민들레 뜯은 나물(8월 25일).

□ 흰민들레 초고추장 무침(8월 26일).

□ 민들레 겉절이(5월 15일).

□ 민들레 김치(8월 24일).

□ 민들레 장아찌(6월 4일).

□ 씀바귀 나물 하기 좋은 때(4월 6일).

## 씀바귀 ⊃ 흰씀바귀 (국화과)

쓴맛 때문에 쓴나물, 씬나물, 씬내이, 씸배나물이라고도 한다. 잎이나 어린순은 쌈이나 겉절이를 해 먹는다. 데쳐서 고추장이나 초고추장에 무치거나, 뿌리째 캐서 장아찌를 담기도 한다. 뿌리만 데쳐서 무치기도 한다. 입맛을 돋워 봄나물로 즐겨 먹는다. 흰씀바귀도 같은 방법으로 먹는다.

여러해살이풀

**크기** 25~50cm
**꽃 피는 때** 5~7월
**자라는 곳** 산과 들의 풀밭
**나물 할 때** 봄

씀바귀 뿌리잎(3월 21일).

□ 씀바귀 꽃 핀 모습(5월 18일).

흰씀바귀 나물 하기 좋은 때(4월 21일).

□ 흰씀바귀 꽃(5월 30일).

흰씀바귀. 이 때도 나물 하기 좋다(5월 21일).

□ 씀바귀 뜯은 나물(4월 25일).

□ 나물 하기 좋은 때(5월 3일).

□ 꽃 핀 모습(5월 16일). 　　□ 뜯은 나물(3월 25일).　　□ 노랑선씀바귀 겉절이(5월 9일).

## 노랑선씀바귀 (국화과)

선씀바귀를 닮았는데, 노란 꽃이 핀다고 노랑선씀
바귀다. 다른 씀바귀처럼 잎과 어린순을 생으로 먹
거나, 데쳐서 간장이나 된장, 고추장에 무쳐 먹는
다. 뿌리째 캐서 무치거나 김치를 담기도 한다. 쓰
지 않은 나물과 섞어 먹으면 맛이 잘 어우러진다.

**여러해살이풀**

**크기** 20~50cm
**꽃 피는 때** 5월
**자라는 곳** 들, 빈 터
**나물 할 때** 봄

□ 나물 하기 좋은 때(5월 12일).

□ 꽃 핀 모습(5월 11일).

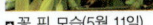

□ 뜯은 나물(5월 3일).

| 여러해살이풀 |
| --- |
| **크기** 10~35cm |
| **꽃 피는 때** 5~7월 |
| **자라는 곳** 논두렁, 축축한 풀밭 |
| **나물 할 때** 봄 |

## 벋음씀바귀 (국화과)

뿌리줄기가 옆으로 벋으며 자라서 벋음씀바귀다. 잎이 주걱 모양이고, 조금 축축한 곳을 좋아한다. 잎과 줄기를 뜯으면 흰 즙이 나오는데, 아주 쓰다. 어린잎과 뿌리를 생으로 무치거나 쌈을 싸 먹기도 하고, 데쳐서 무치기도 한다. 쓴맛이 싫으면 우려내고 먹는다.

■ 나물 하기 좋은 때(3월 3일).

## 벌씀바귀 (국화과)

들이나 논둑, 밭둑에서 흔히 자란다. 쓴맛이 입맛을 돋운다. 냉이를 캘 무렵 뿌리째 캐서 겉절이를 하거나, 데쳐서 고추장이나 초고추장에 무쳐 먹는다. 김치를 담기도 하고, 생으로 갈아 즙을 마시기도 한다. 쓴맛이 싫으면 우려내고 먹는다.

꽃 핀 모습(4월 20일).

▫ 이 때도 나물 하기 좋다(3월 18일).

▫ 뿌리째 캔 나물(3월 2일).

꽃대 올라온 모습(4월 18일).

▫ 벌씀바귀 나물(3월 2일).

□ 나물 하기 좋은 때(1월 1일).

## 방가지똥 (국화과)

잎 가장자리에 가시 같은 톱니가 있고, 줄기를 자르면 흰 즙이 나온다. 새싹은 봄에, 꽃 방석 모양으로 돌려난 뿌리잎은 가을이나 겨울, 이듬해 봄에 데쳐서 무치거나 볶아 먹는다. 쌈장에 찍어 먹기도 한다. 꽃이 봄부터 가을까지 피기도 하는데, 꽃봉오리를 데쳐서 무치거나 볶아도 맛있다.

| 한두해살이풀 |
|---|
| **크기** 30~100cm |
| **꽃 피는 때** 5~9월 |
| **자라는 곳** 들, 집 둘레 빈 터 |
| **나물 할 때** 봄, 가을~겨울 |

□ 꽃 핀 모습(5월 4일).

□ 이 때도 나물 하기 좋다(3월 29일).

□ 뜯은 나물(5월 20일).

□ 방가지똥 버섯 볶음(5월 20일).

■ 나물 하기 좋은 때(4월 3일).

## 큰방가지똥 (국화과)

한두해살이풀

잎 가장자리에 바늘 모양 가시가 있고, 줄기를 자르면 흰 즙이 나온다. 새싹은 봄에, 꽃 방석 모양으로 돌려난 뿌리잎은 가을이나 겨울, 이듬해 봄에 데쳐서 무치거나 볶아 먹는다. 쌈장에 찍어 먹기도 한다. 꽃이 봄부터 가을까지 피기도 하는데, 꽃봉오리를 데쳐서 무치거나 볶아도 맛있다.

**크기** 50~100cm
**꽃 피는 때** 5~10월
**자라는 곳** 길가, 빈 터
**나물 할 때** 봄,
　　　　　　가을~겨울

334

□ 꽃 핀 모습(10월 5일).

□ 가을 싹도 나물 하기 좋다(9월 3일). 　　□ 뜯은 나물(9월 3일).　　□ 큰방가지똥 나물(9월 1일).

□ 쌈 하기 좋은 초가을 싹(9월 3일).

## 뽀리뱅이 (국화과)

잎과 줄기에 털이 많다. 무 잎처럼 갈라진 뿌리잎은 땅에 붙어 겨울을 나고, 봄이 되면 가운데에서 꽃대가 올라와 자잘한 꽃이 핀다. 꽃이 피기 전에 어린 잎과 줄기를 데쳐서 쓴맛을 우려내고 무치거나, 된 장국을 끓인다. 뿌리잎은 가을과 겨울에도 쌈으로 먹거나, 데쳐서 무쳐 먹는다.

**두해살이풀**

**크기** 15~100cm
**꽃 피는 때** 4~6월
**자라는 곳** 들, 빈 터, 밭둑, 산자락
**나물 할 때** 봄, 가을~겨울

□ 꽃대 올라온 모습(4월 20일).

□ 꽃 핀 모습(5월 18일).

□ 뿌리잎(4월 9일).

□ 가을 모습(9월 17일).

□ 뜯은 나물(9월 3일).

□ 뽀리뱅이 나물(9월 1일).

□ 나물 하기 좋은 때(4월 6일).

## 고들빼기 (국화과)

줄기나 잎을 떼면 흰 즙이 나오는데, 맛이 쓰다. 쓴
나물, 씬나물이라고도 한다. 뿌리잎은 겨울을 나며,
뿌리가 도톰하다. 줄기잎은 밑 부분이 넓어져 줄기
를 감싸고, 줄기는 가지를 많이 친다. 봄에 뿌리째
캐서 김치를 담근다. 뿌리가 인삼을 닮았고, 영양이
많아 인삼 김치라고도 한다.

**두해살이풀**

**크기** 20~80cm
**꽃 피는 때** 5~9월
**자라는 곳** 산과 들의
　　　풀밭, 빈 터
**나물 할 때** 봄

줄기가 올라온 모습(4월 18일).

◾ 자란 모습(5월 11일).

◽ 꽃 핀 모습(5월 11일).

◽ 고들빼기김치(5월 26일).

■ 나물 하기 좋은 때(4월 14일).

## 왕고들빼기(국화과)

### 한두해살이풀

**크기** 80~150cm
**꽃 피는 때** 7~9월
**자라는 곳** 들, 산자락
**나물 할 때** 봄~초가을

고들빼기 가운데 전체가 커서 왕고들빼기다. 쓴맛
이 나는데, 잎이 커서 쌈으로 먹으면 맛있다. 고기
와 쌈 싸 먹으면 누린내를 없애 주고, 입맛도 돋운
다. 데쳐서 무치거나, 초고추장이나 쌈장에 찍어 먹
어도 맛있다. 고들빼기처럼 김치를 담그기도 한다.
위쪽 잎은 여름과 초가을까지 먹을 수 있다.

□ 이 때도 나물 하기 좋다(5월 30일).　　□ 꽃 핀 모습(9월 25일).

□ 부드러운 순과 잎은 나물 한다(7월 26일).　　□ 뜯은 나물. 쌈 하기 좋다(7월 27일).

□ 왕고들빼기 김치(4월 28일).　　□ 왕고들빼기 꽃대궁 튀김(9월 1일).

□ 나물 하기 좋은 비늘줄기(3월 30일).

## 참나리(백합과)

**여러해살이풀**

**크기** 150cm 정도
**꽃 피는 때** 7~8월
**자라는 곳** 산과 들
**나물 할 때** 가을~
　　　　　　이듬해 봄

비늘줄기를 백합이라 하여 기침, 천식 등에 약으로 쓴다. 주로 비늘줄기를 먹는데, 가을부터 이듬해 봄까지 줄기가 시들었을 때 캔다. 뿌리를 캐면 하얀 조각으로 된 비늘줄기가 나온다. 이걸 조각조각 떼어 밥에 넣거나 구워 먹는다. 조림을 하거나, 데쳐서 볶아도 맛있다. 시루떡에 넣기도 한다.

□ 꽃봉오리(7월 14일).

□ 싹(4월 11일).

□ 꽃 핀 모습(7월 14일).

□ 씨처럼 싹이 트는 구슬눈(6월 4일).

□ 나물 하기 좋은 때(3월 13일).

## 무릇(백합과)

물구지라고도 한다. 어린잎은 데쳐서 우려내고 초
고추장이나 된장에 무쳐 먹는다. 비늘줄기는 밤색
껍질에 싸여 있는데, 엿처럼 조려서 먹는다. 비늘줄
기를 데친 뒤 미지근한 물에 담가 아린 맛을 우려내
고 조림도 한다. 여름에 꽃줄기가 쑥 올라와 자잘한
연분홍빛 꽃이 원뿔 모양으로 모여 핀다.

여러해살이풀

**크기** 20~50cm
**꽃 피는 때** 7~9월
**자라는 곳** 산과 들의
　　　　　　풀밭
**나물 할 때** 봄

□ 꽃 핀 모습(8월 2일).

□ 어린잎(3월 21일).

□ 조려 먹는 비늘줄기(4월 12일).

▫ 나물 하기 좋은 때(5월 18일).

## 닭의장풀 (닭의장풀과)

닭장 옆에서도 잘 자란다고 닭의장풀이다. 달개비,
닭개비라고도 한다. 어린순을 데쳐서 초고추장에
무치거나, 새콤달콤하게 초무침을 한다. 데쳐서 다
진 마늘, 참기름, 깨소금을 넣고 된장에 무쳐도 맛
있다. 어린순은 말렸다가 차로 마시기도 한다.

### 한해살이풀

**크기** 15~50cm
**꽃 피는 때** 6~9월
**자라는 곳** 들, 길가,
빈 터
**나물 할 때** 늦봄~여름

□ 무리지어 핀 꽃(9월 12일).

□ 뜯은 나물(5월 27일).

□ 닭의장풀 나물(5월 27일).

□ 꽃 핀 모습(7월 16일).

# 나무 나물

■ 나물 하기 좋은 때(5월 16일).

■ 산뽕나무 열매를 오디라 한다(5월 29일).

■ 뜯은 나물(5월 9일).

## 산뽕나무 (뽕나무과)

### 갈잎큰키나무

**크기** 7~8m
**꽃 피는 때** 5월
**자라는 곳** 산
**나물 할 때** 봄~여름

처음에는 잎과 어린순을 따고, 다시 돋아난 잎은 깻잎처럼 잎만 딴다. 쌈으로 먹거나, 데쳐서 무쳐 먹는다. 장아찌를 담기도 하고, 묵나물로 먹어도 맛있다. 생으로나 말렸다가 뽕잎 밥을 짓기도 하고, 잎은 차를 만들기도 한다. 고혈압과 당뇨 등에 좋다.

▫ 산뽕나무 묵나물(5월 10일).

▫ 산뽕잎 무침(5월 13일).

▫ 산뽕잎 된장 장아찌(6월 4일).

▫ 산뽕잎 간장 장아찌(9월 23일).

▫ 산뽕잎 밥(6월 11일).

▫ 오디 즙(6월 3일).

## 오미자 (목련과)

다섯 가지 맛이 난다고 오미자다. 신맛이 가장 강하고, 맛에 따라 약효가 다른데 간이나 폐 등에 좋다. 산골짜기에서 덩굴로 자라며, 익은 열매는 술을 담거나 효소를 만들기도 하고, 말려서 차로 마신다. 어린순은 데쳐서 간장이나 고추장에 무쳐 먹는다.

### 갈잎덩굴나무

**크기**  8m 정도
**꽃 피는 때**  5~7월
**자라는 곳**  산
**나물 할 때**  봄

□ 꽃 핀 모습(5월 9일).

□ 새순(5월 6일).

□ 암꽃(5월 9일).

□ 뜯은 나물(5월 9일).

□ 나물 하기 좋은 때(4월 20일).

□ 새 잎 나는 모습(4월 6일).

□ 풋열매(6월 3일).

## 생강나무 (녹나무과)

잎과 가지에서 생강 냄새가 나 생강나무다. 이른 봄
잎보다 꽃이 먼저 피어 봄을 알린다. 어린잎은 차를
만들고, 더 자란 잎은 쌈으로 먹는다. 데쳐서 쌈 싸
먹거나, 깻잎처럼 장아찌를 만들어도 맛있다. 데치
면 향이 덜한 대신 맛은 부드럽다. 달걀말이를 할
때 잎을 넣으면 맛과 향이 좋다.

### 갈잎떨기나무

**크기** 3m 정도
**꽃 피는 때** 3월
**자라는 곳** 산
**나물 할 때** 봄

□ 꽃 핀 모습(3월 17일).

□ 뜯은 나물(4월 27일).

□ 생강나무 장아찌(5월 13일).

□ 생강나무 잎 달걀말이(5월 7일).

□ 나물 하기 좋은 때(4월 12일).

## 사위질빵(미나리아재비과)

작은 잎 석 장으로 된 잎이다. 독성이 있으므로 어린순을 데쳐서 우려내고 된장이나 간장에 무쳐 먹는다. 묵나물도 푹 우려내야 한다. 다른 나물과 같이 먹는 게 좋다. 울타리나 다른 나무를 감고 올라가는데, 꽃이 피면 멋스럽다. 꽃이 지고 난 씨에 깃털 모양 암술대가 오래 남아 있다.

### 갈잎덩굴나무

**크기** 3m 정도
**꽃 피는 때** 8~9월
**자라는 곳** 산과 들
**나물 할 때** 봄

□ 꽃 핀 모습(8월 13일).

□ 마른 열매(12월 25일).

□ 익은 열매(10월 17일).

□ 뜯은 나물(4월 12일).

■ 나물 하기 좋은 때(4월 5일).

## 으름덩굴(으름덩굴과)

작은 바나나 모양 열매가 달린다. 익어서 벌어지면
하얀 속살이 보이는데, 달고 맛있다. 잎은 작은 잎
다섯 장으로 깔끔하다. 연한 잎과 어린순을 데쳐서
초고추장이나 된장에 찍어 먹거나, 무쳐 먹는다. 된
장국을 끓이기도 한다. 잎은 차로도 마신다.

□ 새순(4월 5일).

□ 익은 열매(10월 3일).

□ 뜯은 나물(4월 12일).

□ 뜯은 새순(4월 12일).

□ 나물 하기 좋은 때(4월 21일).

## 다래 (다래나무과)

열매가 달아서 다래다. 가을이 되면 대추만 한 초록
색 열매가 익는다. 씨가 까매졌을 때 바구니에 담아
두었다 말랑말랑해지면 먹는다. 봄에 연한 순을 데
쳐서 무치거나, 묵나물로 먹으면 맛있다. 묵나물은
데쳐서 헹구지 않고 바로 말려야 향이 더 좋다.

### 갈잎덩굴나무

**크기** 7m 정도
**꽃 피는 때** 5~6월
**자라는 곳** 산
**나물 할 때** 봄

■ 수꽃(6월 3일).

■ 암꽃(6월 3일).

■ 자라는 모습(5월 16일).

■ 열매(7월 1일).

■ 뜯은 나물(4월 11일).

■ 다래 순 묵나물(5월 10일).

361

□ 나물 하기 좋은 때(4월 11일).

## 고광나무 (범의귀과)

산골짜기에 주로 자란다. 키 작은 떨기나무인데, 봄에 하얀 꽃이 피면 떨기 전체가 환하다. 마주난 잎에 이 모양 톱니가 있고, 깔끔해 알아보기 쉽다. 어린잎과 잔가지에는 하얀 털이 많아 뽀얗다. 봄에 난 어린잎은 데쳐서 무치거나, 생선 조릴 때 깔아도 맛있다.

□ 꽃 핀 모습(5월 23일).

□ 열매(6월 5일).

□ 뜯은 나물(4월 11일).

□ 나물 하기 좋은 때(4월 21일).

## 음나무 (두릅나무과)

엄나무, 엉개나무, 두릅 맛이 나 개두릅이라고도 한
다. 어린순을 데쳐서 초고추장에 찍어 먹거나 무쳐
먹는다. 튀김을 하거나 전을 부쳐도 맛과 향이 좋
다. 고추장에 박아 장아찌를 만들거나, 연한 순을
소금물에 살짝 절였다가 찹쌀 풀을 묽게 쑤어 김치
를 담가도 별미다.

### 갈잎큰키나무

**크기** 10~25m
**꽃 피는 때** 7~8월
**자라는 곳** 산,
　　　　　　마을 둘레
**나물 할 때** 봄

▫ 이 때도 나물 하기 좋다(4월 23일).

▫ 꽃 핀 모습(6월 29일).

▫ 자란 잎(6월 30일).

▫ 줄기에 난 가시(4월 24일).

▫ 데친 나물(4월 23일).

▫ 음나무 전(4월 30일).

■ 나물 하기 좋은 때(4월 14일).

## 국수나무 (장미과)

갈잎떨기나무

**크기** 1~2m
**꽃 피는 때** 5~6월
**자라는 곳** 산의 숲
　　　　　　　가장자리
**나물 할 때** 봄

낭창하고 가는 줄기가 국수 가락을 닮았다. 잎이 진 겨울에 보면 영락없는 국수 가락이다. 줄기 속에 있는 하얀 심도 국수를 닮았다. 봄에 어린순을 찔레처럼 꺾어 먹기도 하고, 데쳐서 된장이나 간장에 무치거나, 기름에 볶아 먹는다. 된장국을 끓여도 맛있다.

□ 꽃 핀 모습(5월 23일).

□ 국수 가락을 닮은 가지(3월 21일).

□ 뜯은 나물(4월 14일).

□ 어린순 나물 하기 좋은 때(4월 5일).

## 찔레꽃(장미과)

찔레, 찔레나무라고도 한다. 북한에서는 들장미라
한다. 꽃이 피면 좋은 향기가 난다. 꽃잎은 그냥 먹
거나 꽃전을 부치고, 어린순은 데쳐서 무친다. 찔레
꽃의 부드러운 순을 찔레라 해서 잎을 떼고 줄기째
먹거나, 껍질을 벗기고 먹는다. 꽃봉오리나 꽃은 쪄
서 말렸다가 차로 마신다.

### 갈잎떨기나무

**크기** 2m 정도
**꽃 피는 때** 5~6월
**자라는 곳** 산, 들
**나물 할 때** 봄

□ 꽃 핀 모습(5월 16일).

□ 분홍빛 꽃도 더러 보인다(5월 23일).

□ 찔레 꺾어 먹기 좋은 때(4월 14일).

□ 꽃 핀 전체 모습(5월 23일).

□ 새가 좋아하는 열매(11월 28일).

□ 찔레(4월 12일).

■ 장아찌 담기 좋은 때(5월 24일).

## 칡 (콩과)

칡덩불, 칡기라고도 한다. 잎과 어린순을 소나 토끼, 고라니가 좋아한다. 새순과 어린잎은 튀김을 하면 맛있다. 어린잎을 송송 썰어 칡밥을 짓기도 하고, 보드라운 잎을 따서 깻잎처럼 장아찌를 담가도 별미다. 뿌리는 갈근이라 해서 차로 마시거나, 감기와 폐 질환 등에 약으로 쓴다.

### 갈잎덩굴나무

**크기** 10m 이상
**꽃 피는 때** 7~8월
**자라는 곳** 산과 들
**나물 할 때** 봄~여름

▫순 튀김 하기 좋은 때(4월 20일).

▫꽃 핀 모습(8월 13일).

▫자라는 모습(8월 20일).

▫뜯은 나물(5월 12일).

▫칡잎과 칡순 튀김(4월 25일).

▫칡잎 장아찌(5월 21일).

■ 꽃 튀김 하기 좋은 때(5월 6일)

## 아까시나무 (콩과)

흔히 아카시아나무라고 잘못 알려진 나무다. 향기가 좋은 꽃이 핀다. 꽃을 훑어서 전이나 튀김을 한다. 송이째 튀김옷을 입히거나, 튀김옷 없이 튀긴다. 훑은 꽃은 샐러드를 만들거나, 다른 나물과 섞어 겉절이를 해도 향이 좋다.

### 갈잎큰키나무

**크기** 15~25m
**꽃 피는 때** 5~6월
**자라는 곳** 산과 들
**나물 할 때** 봄

□ 어린 가지에 난 가시(3월 17일).

□ 새순(5월 6일).

□ 튀김 할 꽃(5월 6일).

□ 아까시나무 꽃 튀김(5월 8일).

## 골담초(콩과)

뼈에 좋아 뼈를 담당한다고 골담초다. 노란 나비 모
양 꽃이 피어 차차 붉은빛을 띤다. 작은 잎 네 장으
로 된 잎이 깔끔하다. 꽃이 피면 그냥 먹기도 하고,
겉절이에 넣어도 좋다. 비빔밥에 얹으면 예쁜 꽃밥
이 된다. 쌀가루에 섞어 시루떡을 해도 맛있다. 뼈
가 쑤실 때나 신경통에 약으로 쓴다.

### 갈잎떨기나무

**크기** 2m 정도
**꽃 피는 때** 4~5월
**자라는 곳** 산지,
　　　　　마을 둘레
**나물 할 때** 봄

□ 꽃 핀 모습(4월 18일).

□ 잎(5월 9일).

□ 딴 꽃(4월 18일).

□ 골담초 꽃 비빔밥(4월 19일).

□ 나물 하기 좋은 때(5월 14일).

## 사람주나무(대극과)

산호자라고도 한다. 잎을 따면 흰 즙이 나온다. 나무줄기는 분을 바른 듯 뽀얗고, 잎이 붉게 나는 특징이 있다. 부드러울 때 따서 데친 뒤 우려내고 쌈으로 먹는다. 쌈 양념은 된장과 쌈장도 좋고, 멸치젓이나 다른 젓갈과 같이 먹어도 맛있다. 데친 뒤 간장이나 고추장에 박아 장아찌도 담근다.

### 갈잎작은키나무

**크기** 6m 정도
**꽃 피는 때** 6월
**자라는 곳** 산골짜기, 산 중턱
**나물 할 때** 봄

□ 붉게 나오는 싹(4월 12일).

□ 꽃 핀 모습(6월 8일).

□ 열매(7월 6일).

□ 뽀얀 줄기(10월 23일).

□ 뜯은 잎(5월 12일).

□ 사람주나무 장아찌(5월 21일).

□ 나물 하기 좋은 때(4월 20일).

□ 풋열매(5월 19일).

□ 익은 열매(12월 6일).

## 초피나무(운향과)

제피나무라고도 한다. 흔히 산초나무라 하는데, 산
초나무는 따로 있다. 열매 껍질을 가루 내어 추어탕
에 넣는다. 김치에 넣으면 향도 좋고, 빨리 시지 않
는다. 어린순은 장이나 젓갈에 박아 장아찌를 만든
다. 고기 먹을 때 한 잎 넣으면 누린내가 나지 않는
다. 생선 조림, 전, 된장찌개에 넣어도 맛있다.

| 갈잎떨기나무 | |
|---|---|
| **크기** | 3m 정도 |
| **꽃 피는 때** | 4월 말~ 6월 |
| **자라는 곳** | 산 |
| **나물 할 때** | 봄 |

□ 초피나무는 가시가 마주난다(4월 15일)

□ 초피나무 잎 장아찌(5월 5일).

□ 열매(9월 25일).

□ 뜯은 나물(4월 11일).

초피나무

산초나무

□ 초피나무와 산초나무 잎 견주어 보기(9월 25일).

□ 나물 하기 좋은 때(5월 9일).

## 산초나무(운향과)

난두나무라고도 한다. 초피나무는 가시가 마주나는
데, 산초나무는 가시가 어긋난다. 초피나무는 봄에
피고, 산초나무는 여름부터 피며 꽃차례도 크다. 산
초나무 씨는 기름을 짠다. 덜 익은 열매는 간장 장아
찌를 담그거나, 튀겨 먹는다. 어린순은 튀김을 하거나
전을 부칠 때 넣고, 된장국에 넣어도 맛있다.

**크기** 3m
**꽃 피는 때** 7~9월
**자라는 곳** 산
**나물 할 때** 봄(잎),
　　　　　　　 가을(열매)

▫ 꽃 핀 모습(5월 9일).

▫ 전체 모습(7월 24일).

▫ 산초나무는 가시가 어긋난다(2월 20일).

▫ 열매(9월 22일).

▫ 장아찌 담기 좋은 풋열매(9월 25일).

▫ 산초나무 풋열매·장아찌(10월 28일).

□ 나물 하기 좋은 때(4월 21일).

## 참죽나무 (멀구슬나무과)

가죽나무라 부르기도 하지만, 가죽나무는 따로 있고 먹지 않는다. 어린순을 잘라 겉절이를 하거나, 하루쯤 그늘에 말렸다가 간장이나 소금에 절여 장아찌를 담근다. 데쳐 말린 뒤 튀김을 하거나, 찹쌀 반죽에 고추장을 풀어 발라 부각도 만든다. 잘게 썬 새순을 고추장에 넣고 장떡을 부쳐도 맛있다.

### 갈잎큰키나무

**크기** 20~25m
**꽃 피는 때** 6월
**자라는 곳** 마을 둘레,
들
**나물 할 때** 봄

□ 자란 잎(6월 1일).

□ 꽃 핀 모습(6월 8일).

□ 나무줄기(6월 8일).

□ 파는 참죽나무 나물(4월 18일).

□ 참죽나무 장아찌(4월 28일).

□ 참죽나무 고추장 부각(5월 29일).

□ 나물 하기 좋은 때(4월 12일).

## 합다리나무 (나도밤나무과)

합대나무, 합달나무라고도 한다. 작은 잎이 9~15장
으로 된 잎이다. 새순이 나오면 두릅나무의 새순인
두릅과 같은 방법으로 먹는다. 데쳐서 초고추장에
찍어 먹어도 좋고, 간장이나 된장, 고추장에 무치기
도 한다. 튀김이나 전, 장아찌를 담가도 맛있다.

**크기** 10m 정도
**꽃 피는 때** 6~7월
**자라는 곳** 산기슭
**나물 할 때** 봄

▫ 새순(4월 11일).

▫ 꽃 핀 모습(6월 19일).

▫ 자란 잎(6월 8일).

▫ 전체 모습(4월 27일).

▫ 꽃봉오리가 맺힌 모습(6월 4일).

▫ 뜯은 나물(4월 12일).

□ 나물 하기 좋은 때(5월 23일).

## 미역줄나무(노박덩굴과)

메역순나무, 미역줄거리나무라고도 한다. 무리지어 자라며, 꽃 향기가 좋다. 열매에는 날개가 세 개 있다. 가지가 많이 갈라지고 덩굴이라, 이 나무가 자라는 곳은 사람이 지나가기 힘들다. 봄에 돋은 새순을 그냥 먹어도 좋고, 데쳐서 무치거나 된장국을 끓이기도 한다.

| 갈잎덩굴나무 |
|---|

**크기** 2m 정도
**꽃 피는 때** 6~7월
**자라는 곳** 산
**나물 할 때** 봄

자라는 모습(5월 23일).

꽃 핀 모습(7월 23일).

꽃이 맺힌 모습(5월 21일).

자란 모습(7월 9일).

열매(8월 24일).

뜯은 나물(5월 23일).

□ 나물 하기 좋은 때(4월 5일).

## 화살나무(노박덩굴과)

줄기에 화살처럼 날개가 있어 화살나무다. 홑잎나
물, 홋잎나물이라고도 한다. 회잎나무와 비슷한데,
화살나무는 줄기에 화살이 있다. 어린순을 따서 겉
절이를 하거나, 고슬고슬하게 지은 밥에 섞은 뒤 양
념을 얹어 먹는다. 다른 산나물과 데쳐서 무치거나
볶아도 맛있다.

**크기** 1~3m
**꽃 피는 때** 4~5월
**자라는 곳** 산
**나물 할 때** 봄

□ 꽃 핀 모습(4월 9일).

□ 잎 나는 모습(4월 12일).

□ 익은 열매 (11월 23일).

□ 뜯은 나물(4월 12일).

□ 나물 하기 좋은 때(4월 29일).

## 회잎나무 (노박덩굴과)

| 갈잎떨기나무 |
| :--- |

홑잎나물, 홋잎나물이라고도 한다. 화살나무랑 비슷한데, 줄기에 화살 같은 날개가 없다. 어린순을 겉절이 하거나, 쌈에 몇 장 넣어 먹는다. 다른 나물과 데쳐서 된장이나 간장에 무치거나 볶아도 맛있다. 밥에 생잎을 섞은 뒤 양념을 얹어 먹기도 한다.

**크기** 1~3m
**꽃 피는 때** 4월 말~ 6월
**자라는 곳** 산
**나물 할 때** 봄

□ 꽃 핀 모습(4월 20일).

□ 잎 나는 모습(4월 18일).

□ 자라는 모습(4월 6일).　　□ 뜯은 나물(4월 5일).

□ 나물 하기 좋은 때(4월 17일).

## 고추나무 (고추나무과)

이파리가 고추 잎을 닮아서 고추나무다. 꽃이 피기
전에 부드러운 순을 따서 데친 뒤, 된장이나 간장에
무치거나 볶아 먹는다. 묵나물로 먹기도 한다. 잎뿐
아니라 꽃봉오리가 맺힌 채로 먹을 수 있다. 꽃이
피면 향기가 좋고, 열매는 부푼 인형 바지처럼 귀엽
게 달린다.

**갈잎떨기나무**

**크기** 2~5m
**꽃 피는 때** 5~6월
**자라는 곳** 산골짜기
**나물 할 때** 봄

□ 꽃 핀 모습(4월 27일).

□ 열매(6월 8일).

□ 이 때도 나물 하기 좋다(4월 20일).

□ 뜯은 나물(4월 17일).

ㅁ 나물 하기 좋은 때(6월 2일).

## 헛개나무(갈매나무과)

간에 좋다 하여 열매와 잎, 줄기를 약으로 쓴다. 부
드러운 잎은 고기와 쌈 싸 먹거나, 된장이나 쌈장을
찍어 먹는다. 간장 양념에 새콤달콤하게 간을 하거
나 그냥 짜게 간해 장아찌도 담근다. 쓰임새가 많다
보니 심어 가꾸기도 한다.

| 갈잎큰키나무 | |
| --- | --- |
| **크기** | 10m 정도 |
| **꽃 피는 때** | 6월 말~<br>7월 |
| **자라는 곳** | 산 |
| **나물 할 때** | 봄~초여름 |

□ 꽃이 맺힌 모습(5월 26일).

□ 꽃 핀 모습(6월 19일).

□ 잎(5월 26일).

□ 자라는 모습(5월 26일).

□ 뜯은 나물(6월 2일).

□ 헛개나무 장아찌(9월 28일).

□ 박쥐나무 나물 하기 좋은 때(5월 14일).

## 박쥐나무⊃단풍박쥐나무 (박쥐나무과)

갈잎떨기나무

**크기** 3m
**꽃 피는 때** 5~7월
**자라는 곳** 산의 숲 속
**나물 할 때** 봄

이파리가 박쥐가 날개를 펼친 것 같다고 박쥐나무다. 꽃이 노리개 장식같이 늘어지는 모습이 특이하다. 잎이 부드러울 때 따서 장아찌를 담근다. 생으로나 살짝 데쳐서 간장으로 담가도 맛있고, 고춧가루 양념을 해서 담가도 부드럽고 향긋하다. 뿌리에 독이 있으니 많이 먹지 않는다.

■ 박쥐나무 새 잎 나는 모습(4월 18일).

■ 박쥐나무 꽃봉오리가 맺힌 모습(6월 6일).

■ 박쥐나무 꽃(6월 6일).

■ 단풍박쥐나무 나물 하기 좋은 때(5월 3일).

■ 박쥐나무 뜯은 잎(5월 6일).

■ 박쥐나무 장아찌(5월 17일).

□ 나물 하기 좋은 때(5월 9일).

## 두릅나무 (두릅나무과)

갈잎떨기나무

**크기** 3~4m
**꽃 피는 때** 8~9월
**자라는 곳** 산
**나물 할 때** 봄

새순을 두릅이라 한다. 두릅나무 어린순은 데쳐서 초고추장에 찍어 먹는 고급 나물이다. 무치거나 된장국을 끓여도 좋고, 된장이나 고추장에 박아 장아찌를 담가도 맛있다. 전을 부치기도 하고, 찹쌀 가루나 튀김 가루를 묻혀 튀겨도 별미다. 두릅 데친 물을 식혀서 물김치도 담근다.

□ 나물 한 뒤에 새로 난 잎(4월 25일).

□ 꽃 핀 모습(8월 20일).

□ 열매(9월 25일).

□ 뜯은 두릅(4월 11일).

□ 두릅 튀김(4월 11일).

□ 두릅 장아찌(5월 10일).

□ 나물 하기 좋은 때(4월 21일).

## 오갈피나무 (두릅나무과)

이파리가 작은 잎 다섯 장으로 갈라져서 오갈피나무다. 오가피나무라고도 한다. 어린잎을 생으로나 데쳐서 쌈으로 먹는다. 데쳐서 된장이나 간장에 무쳐도 맛있다. 장아찌도 담그고, 새순은 튀김도 한다. 어린잎을 데쳐서 잘게 썬 다음 불린 쌀과 섞어 오갈피 밥(오가반)도 지어 먹는다.

**갈잎떨기나무**

**크기** 3~4m
**꽃 피는 때** 7월 말~9월
**자라는 곳** 산
**나물 할 때** 봄

□ 꽃이 맺힌 모습(7월 28일).

□ 꽃 핀 모습(9월 25일).

□ 열매(9월 25일).

□ 자라는 모습(5월 9일).

□ 가시(4월 17일).

■ 나물 하기 좋은 때(5월 3일).

## 누리장나무(마편초과)

잎에서 누린내가 난다고 누리장나무다. 잎에서 고소한 냄새도 난다. 잎은 심장 모양이고 끝이 뾰족하며, 깻잎 정도로 넓다. 부드러운 잎을 따서 데친 다음 맑은 물에 우려내고 쌈 싸 먹는다. 깻잎처럼 차곡차곡 쌓아 장아찌를 담그거나, 묵나물로 먹어도 맛있다. 새순은 데쳐서 무쳐 먹는다.

**402**

**갈잎떨기나무**

**크기** 3m 정도
**꽃 피는 때** 8~9월
**자라는 곳** 산골짜기, 바닷가
**나물 할 때** 봄~초여름

□ 꽃봉오리가 맺힌 모습(8월 7일).

□ 꽃 핀 모습(9월 9일).

□ 나무줄기(4월 29일).

□ 열매(10월 14일).

□ 뜯은 나물(5월 10일).

□ 누리장나무 장아찌(5월 17일).

□ 나물 하기 좋은 때(3월 31일).

갈잎떨기나무

**크기** 2~4m
**꽃 피는 때** 6~9월
**자라는 곳** 마을 둘레
**나물 할 때** 봄

## 구기자나무 (가지과)

열매가 고추를 닮아서 개고추라고도 한다. 마을 둘
레 둑이나 냇가 언덕 같은 데서 잘 자란다. 울타리
로 심어 가꾸기도 한다. 어린순을 데쳐서 무치거나,
말려서 차로 마시기도 한다. 열매와 뿌리 껍질은 차
와 약으로 쓴다. 해열제와 강장제로 쓰며, 열매는
구기자, 뿌리 껍질은 지골피라 한다.

404

■ 꽃 핀 모습(9월 4일).

■ 열매(11월 19일).

■ 자라는 모습(6월 1일).　　■ 뜯은 나물(4월 17일).

■ 나물 하기 좋은 때(4월 18일).

## 병꽃나무(인동과)

열매가 작은 병 모양을 닮았다. 꽃이 필 때는 연둣
빛이 섞인 노란빛인데, 시간이 지나면서 점점 붉은
빛을 띤다. 붉은 꽃이 피는 종류도 있다. 어린순을
데쳐서 간장이나 된장에 무치거나, 된장국을 끓인
다. 다른 산나물과 섞어 먹으면 더 맛있다. 묵나물
로 먹기도 한다.

| 갈잎떨기나무 | |
|---|---|
| **크기** | 2~3m |
| **꽃 피는 때** | 4월 말~6월 |
| **자라는 곳** | 산골짜기 |
| **나물 할 때** | 봄 |

□ 꽃봉오리(4월 20일).

□ 꽃 핀 모습(4월 20일).

□ 이 때도 나물 하기 좋다(4월 19일).

□ 병 모양 닮은 열매(7월 1일).

□ 뜯은 나물(4월 18일).

□ 병꽃나무 나물(9월 9일).

□ 나물 하기 좋은 때(4월 20일).

## 청미래덩굴(백합과)

망개, 명감이라고도 한다. 열매는 먹을 수 있고, 익으면 새가 좋아한다. 부드러운 잎을 따서 소금에 절여 망개떡을 해 먹는다. 방부제 구실을 하는 성분이 있어 떡이 잘 쉬지 않고 향도 좋다. 연한 잎과 순을 데쳐서 무치거나, 쌈으로 먹는다. 새순은 칼집을 넣어 튀김을 해도 맛있다.

### 갈잎덩굴나무

**크기** 2~3m
**꽃 피는 때** 4월 말~ 5월
**자라는 곳** 산
**나물 할 때** 봄

□ 풋열매(5월 8일).

□ 익은 열매(10월 6일).

□ 망개떡 싸려고 딴 잎(4월 20일).

□ 망개떡(4월 15일).

□ 나물 하기 좋은 때(5월 1일).

## 죽순대 (벼과)

맹종죽이라고도 한다. 커다란 짐승 뿔이 솟아나듯 죽순이 올라온다. 죽순은 여러 가지 요리에 쓴다. 데쳐서 초고추장에 찍어 먹기도 하고, 고추장에 무치거나 볶기도 한다. 추어탕이나 국을 끓일 때 넣어도 별미다. 말렸다가 먹기도 하고, 장아찌도 담근다. 주로 남부 지방에서 심어 가꾼다.

**늘푸른대나무 (특수한 풀)**

**크기** 10~20m
**꽃 피는 때** 일생에 한 번
**자라는 곳** 남부 지방 마을 둘레
**나물 할 때** 4월 말~ 5월

410

▫ 꺾은 죽순(5월 2일).

▫ 껍질 벗긴 죽순(5월 2일).

▫ 데친 죽순(5월 2일).

▫ 죽순 나물(8월 24일).

□ 나물 하기 좋은 때(4월 29일).

## 노박덩굴 (노박덩굴과)

가을에 열매가 예쁘게 익는 덩굴나무다. 울타리나
담벼락, 다른 나무를 감고 올라가 자란다. 꽃은 암수
딴그루지만, 암꽃과 수꽃이 한 나무에 피기도 한다.
열매는 생리통, 관절염 등에 약으로 쓰고, 꽃꽂이 재
료로도 인기가 좋다. 부드러운 잎과 어린순을 데쳐
서 간장이나 된장에 무치거나, 묵나물로 먹는다.

| 갈잎덩굴나무 | |
|---|---|
| **크기** | 10m 정도 |
| **꽃 피는 때** | 5월 말~<br>6월 |
| **자라는 곳** | 산과 들 |
| **나물 할 때** | 봄 |

□ 자라는 모습(6월 4일).

□ 꽃이 맺힌 모습(5월 16일).

□ 꽃 핀 모습(5월 18일).

□ 열매(10월 1일).

□ 익은 열매(11월 4일).

□ 뜯은 나물(4월 25일).

# 갯가 나물

□ 나물 하기 좋은 때(5월 29일).

## 번행초 (석류풀과)

맛이 짭조름하다. 잎은 두껍고 물기가 많다. 전체에
털이 없고, 하얀 분 같아 보이는 돌기가 있다. 어린
순을 따서 샐러드나 겉절이를 하면 맛있다. 비빔밥
이나 쌈밥에 다른 나물과 같이 넣어도 맛이 잘 어우
러진다. 잎을 데쳐서 버섯과 함께 볶기도 한다. 연
한 잎은 사철 먹을 수 있다.

**여러해살이풀**

**크기** 40~60cm
**꽃 피는 때** 5~10월
**자라는 곳** 바닷가
**나물 할 때** 사철

□ 자라는 모습(5월 29일).

□ 자란 모습(4월 28일).

□ 꽃 핀 모습(9월 3일).

□ 열매 맺은 모습(7월 1일).

□ 뜯은 나물(4월 28일).

□ 번행초 멸치 볶음(5월 9일).

□ 나물 하기 좋은 때(5월 19일).

## 수송나물(명아주과)

한해살이풀

가시솔나물이라고도 한다. 어릴 때는 연하지만, 자라면 줄기가 딱딱해지고 잎 끝이 가시처럼 날카롭다. 연한 순으로 샐러드나 겉절이를 한다. 염생식물이라 짭조름한데다, 아삭아삭 씹히는 맛이 그만이다. 비빔밥이나 쌈밥 재료로도 좋다. 데쳐서 멸치나버섯 등을 넣고 볶아도 맛있다.

**크기** 10~40cm
**꽃 피는 때** 7~8월
**자라는 곳** 바닷가
　　　　　모래땅
**나물 할 때** 봄~여름

□ 꽃 핀 모습(7월 1일).

□ 뜯은 나물(5월 19일).

□ 연한 순은 나물 할 수 있다(7월 1일).

□ 수송나물 멸치 볶음(9월 9일).

□ 자라는 모습(7월 1일).

□ 수송나물 양배추 쌈밥(7월 2일).

419

■ 나물 하기 좋은 때(3월 28일).

## 갯무(십자화과)

갯가에서 자라는 무라서 갯무다. 무를 닮아 무아재
비, 갯무시라고도 한다. 야생이라 작고 강하게 생겼
다. 무처럼 김치를 담그거나, 어린순을 데쳐서 무쳐
먹는다. 밭에 심어 가꾼 무보다 향이 진하다. 덜 익
은 열매는 꼬투리째 데쳐서 볶거나 양념을 얹어 먹
는다.

한두해살이풀

**크기** 30~90cm
**꽃 피는 때** 4~6월
**자라는 곳** 바닷가
　　　　　모래땅
**나물 할 때** 봄

▫ 꽃 핀 모습(4월 28일).

▫ 열매 맺은 모습(7월 2일).

▫ 어린 모습(4월 28일).)

▫ 무 닮은 모습(4월 28일).

□ 나물 하기 좋은 때(4월 20일).

## 갯완두 (콩과)

갯가에 자라는 완두라고 갯완두다. 새싹은 꽃봉오
리가 달리기 전에 데쳐서 무치거나 볶아 먹는다. 꽃
은 피기 시작할 때 따서 데친 뒤 새콤달콤하게 초무
침을 한다. 열매는 덜 익었을 때 꼬투리째 데친 뒤
버섯을 넣고 볶거나 튀긴다. 콩은 완두처럼 삶아 먹
거나, 밥 지을 때 넣는다.

| 여러해살이풀 | |
|---|---|
| **크기** | 20~60cm |
| **꽃 피는 때** | 5~6월 |
| **자라는 곳** | 바닷가 모래땅 |
| **나물 할 때** | 봄(새싹, 꽃), 늦봄~여름 (열매) |

□ 자란 모습(4월 28일).

□ 꽃 핀 모습(4월 28일).

□ 완두 닮은 열매(5월 31일).

□ 뜯은 나물(4월 30일).

□ 완두처럼 먹는다(5월 31일).

□ 갯완두 볶음(4월 30일).

□ 나물 하기 좋은 때(5월 19일).

## 갯방풍(산형과)

바닷가에서 자라는 방풍이라고 갯방풍이다. 방풍은
풍을 물리친다는 뜻이다. 해방풍, 방풍나물이라고
도 하며, 뿌리는 해열제나 진통제로 쓴다. 어린순을
데쳐서 초고추장에 찍어 먹거나 무쳐 먹는다. 봄부
터 9월까지 새 잎을 먹을 수 있다. 겉절이를 하거나,
쌈으로 먹어도 향긋하다.

| 여러해살이풀 | |
|---|---|
| **크기** | 5∼20cm |
| **꽃 피는 때** | 5∼7월 |
| **자라는 곳** | 바닷가<br>모래땅 |
| **나물 할 때** | 봄∼초가을 |

◻ 어린 싹(5월 19일).

◻ 꽃이 맺힌 모습(5월 19일).

◻ 꽃대가 올라온 모습(5월 19일).

◻ 꽃 핀 모습(5월 19일).

◻ 열매(7월 1일).

◻ 갯방풍 데친 나물(5월 19일).

□ 나물 하기 좋은 때(4월 28일).

## 갯기름나물 (산형과)

남부 지방 바닷가에서 잘 자란다. 방풍이라 해서 파
는데, 진짜 방풍은 따로 있다. 방풍은 아니지만 중
풍이나 감기 등에 약으로 쓴다. 분을 바른 듯한 잎
은 두껍고 흰빛이 돈다. 부드러운 잎과 줄기를 데쳐
서 초고추장에 찍어 먹거나 무쳐 먹는다. 꽃이 피기
전까지 부드러운 잎을 먹을 수 있다.

| 여러해살이풀 | |
|---|---|
| **크기** | 60~100cm |
| **꽃 피는 때** | 6~8월 |
| **자라는 곳** | 바닷가 |
| **나물 할 때** | 겨울~ 이듬해 초여름 |

□ 꽃 핀 모습(6월 28일).

□ 자란 모습(5월 29일).

□ 뜯은 나물(2월 3일).

□ 열매(8월 13일).

□ 갯기름나물 데친 나물(4월 19일).

□ 나물 하기 좋은 때(4월 29일).

## 섬쑥부쟁이 (국화과)

쑥부쟁이 종류를 뭉뚱그려 부지깽이나물이라고도
한다. 섬쑥부쟁이는 주로 울릉도에서 자라지만, 요
즘은 다른 곳에서도 심어 가꾼다. 섬취라고도 한다.
잎은 긴 타원형이고, 가장자리에 날카로운 톱니가
있다. 어린순을 데쳐서 무쳐 먹는다. 잘 자라서 몇
번이나 뜯을 수 있다. 묵나물로 먹기도 한다.

**여러해살이풀**

**크기** 100~150cm
**꽃 피는 때** 7~10월
**자라는 곳** 울릉도
**나물 할 때** 봄~초여름

□ 꽃 핀 모습(9월 22일).

□ 어린 모습(4월 25일).

□ 자란 모습(5월 31일).

□ 뜯은 나물(5월 29일).

□ 나물 하기 좋은 때(5월 29일).

## 갯고들빼기 (국화과)

맛이 아주 쓰다. 고들빼기 종류의 쓴맛은 입맛을 돋
우고, 위를 튼튼하게 한다. 뿌리잎은 깃 모양으로
갈라지기도 하고, 갈라지지 않기도 한다. 줄기잎은
줄기를 감싼다. 어린잎과 순을 데쳐서 우려내고 무
쳐 먹는다. 쓴맛을 좋아하면 부드러운 잎을 생으로
쌈 싸 먹거나 무쳐 먹는다.

**여러해살이풀**

**크기** 15cm
**꽃 피는 때** 9~11월
**자라는 곳** 바닷가
　　　　　바위 틈
**나물 할 때** 봄~여름

□ 꽃 핀 모습(8월 26일).

□ 어린 싹(5월 29일).

□ 자라는 모습(6월 28일).

□ 뜯은 나물(5월 29일).

□ 나물 하기 좋은 때(5월 19일).

□ 꽃 핀 모습(5월 19일).

□ 어린잎(5월 19일).

□ 뜯은 나물(5월 15일).

## 갯씀바귀 (국화과)

바닷가에서 자라는 씀바귀라 갯씀바귀다. 다른 씀
바귀처럼 아주 쓰다. 잎은 두껍고 물기가 많은 편이
며, 3~5갈래로 갈라진다. 연한 잎을 쌈이나 겉절이
로 먹는다. 데쳐서 무치기도 하는데, 쓴맛이 싫으면
우려내고 먹는다. 배탈이나 설사 등을 할 수 있으니
많이 먹지 않는 게 좋다.

| 여러해살이풀 | |
| --- | --- |
| **크기** | 3~15cm |
| **꽃 피는 때** | 6~7월 |
| **자라는 곳** | 바닷가 모래땅 |
| **나물 할 때** | 봄~초여름 |

# 독이 있는 식물

■ 미국자리공 싹(4월 25일).

## 미국자리공⊃자리공 (자리공과)

상륙, 장록이라고도 한다. 전체에 털이 없고, 뿌리
는 굵고 긴 덩어리 모양이다. 어린순을 데쳐서 우려
내고 무치거나 쌈으로 먹기도 하지만, 독이 강해 나
물로 먹으면 안 된다. 미국자리공과 자리공 모두 독
이 있지만, 뿌리는 약으로 쓴다.

**여러해살이풀**

**크기** 100~150cm
**꽃 피는 때** 6~7월
**자라는 곳** 마을 근처,
산

□ 미국자리공 열매(9월 1일).

□ 미국자리공은 꽃대가 아래로 처진다(8월 3일).

□ 미국자리공 뿌리(7월 24일).

□ 자리공은 꽃대가 위로 보고 선다(6월 1일).

□ 미국자리공은 씨방이 붙어 있다(7월 24일).

□ 자리공은 씨방이 떨어져 있다(6월 13일).

435

□ 꽃이 맺힌 모습(4월 24일).

□ 꽃 핀 모습(4월 24일).

□ 자라는 모습(4월 24일).

## 요강나물(미나리아재비과)

이름에 '나물'이 붙었지만, 독이 강해 먹으면 안 된다. 주로 높은 산허리 양지쪽에 자라며, 줄기가 곧게 선다. 잎은 마주나고, 작은 잎 석 장으로 된 것도 있고, 하나로 된 잎도 있다. 갈라진 잎과 갈라지지 않은 잎이 같이 있다. 줄기 끝에 검은빛이 돌고 털이 빽빽한 꽃이 한 송이 달린다.

### 갈잎키작은반관목

**크기** 30~100cm
**꽃 피는 때** 5~6월
**자라는 곳** 높은 산
　　　　　풀밭

□ 털이 많은 잎(3월 31일).

□ 꽃 핀 모습(4월 2일).

□ 열매(4월 27일).

| 여러해살이풀 | |
|---|---|
| **크기** | 25~40cm |
| **꽃 피는 때** | 3월 말~ 4월 |
| **자라는 곳** | 양지쪽 풀밭 |

## 할미꽃(미나리아재비과)

열매가 익으면 할머니 머리 같다 해서 할미꽃이다. 백발 노인 머리를 닮아 백두옹이라고도 한다. 잎과 줄기에 하얀 털이 빽빽하다. 전체에 독이 있어 나물로 먹으면 안 되지만, 뿌리는 약으로 쓴다. 예전에는 재래식 화장실에 살충제로 할미꽃 뿌리를 던져 놓기도 했다.

437

□ 잎(4월 21일).

□ 꽃 핀 모습(4월 24일).

□ 열매(4월 27일).

## 홀아비바람꽃 (미나리아재비과)

무척 작은 꽃인데, 독이 강해 먹을 수 없다. 산의 숲
속 축축한 곳에서 잘 자란다. 뿌리줄기가 옆으로 뻗
으며 자라서 무리를 이룬다. 뿌리잎은 손가락을 편
손처럼 다섯 갈래로 깊이 갈라지고, 갈래 조각이 또
갈라진다. 꽃줄기 끝에 하얀 꽃이 한 송이씩 핀다.
바람꽃 종류는 모두 독이 있다.

**여러해살이풀**

**크기** 7cm 정도
**꽃 피는 때** 4~5월
**자라는 곳** 산의 숲 속

□ 잎(3월 24일).

□ 꽃 피기 시작한 모습(2월 28일).

□ 꽃 핀 모습(3월 21일).

**여러해살이풀**

**크기** 10~25cm
**꽃 피는 때** 3~5월
**자라는 곳** 산골짜기

## 꿩의바람꽃 (미나리아재비과)

잎이 야들야들한 게 맛있어 보일 수도 있지만, 독이 강해 먹으면 안 된다. 잎이 말려 나다가 자라면 펴진다. 잎이 날 때 처음에는 붉은빛이나 자줏빛이 도는데, 갈수록 초록이 짙어진다. 뿌리줄기가 옆으로 뻗으면서 자라 무리를 이룬다. 이른 봄 이 꽃을 볼 때 꿩 소리를 쉽게 들을 수 있다.

❏ 꽃봉오리가 맺힌 모습(5월 4일).

❏ 꽃 핀 모습(5월 4일).

❏ 꽃이 여러 송이 핀 모습(5월 17일).

## 회리바람꽃(미나리아재비과)

키가 작고 보드라워 먹을 수 있을 것 같지만, 독이
강해 먹으면 안 된다. 줄기 끝에 연노란빛이나 하얀
꽃이 피는데, 꽃받침이 젖혀지는 게 귀엽다. 줄기
하나에 꽃대가 하나 올라와 꽃이 한 송이 피기도 하
고, 꽃대가 3~4개 올라오기도 한다. 줄기에 달리는
잎은 작은 잎 세 장이 돌려난다.

**여러해살이풀**

**크기** 20~30cm
**꽃 피는 때** 5~6월
**자라는 곳** 산

□ 얼룩 점이 있는 뿌리잎(4월 5일).

□ 봄물이 오른 잎(4월 14일).

□ 꽃 핀 모습(6월 4일).

여러해살이풀

**크기** 30~70cm
**꽃 피는 때** 5~6월
**자라는 곳** 산과 들의
축축한 풀밭

# 미나리아재비 (미나리아재비과)

어린잎을 데쳐서 우려내고 나물 해 먹는 곳도 있지만, 독이 강하니 먹지 않는 게 좋다. 꽃잎에서 반지르르 윤기가 나고, 줄기에 별 모양 털이 있다. 뿌리잎은 모여나고, 잎자루가 길며, 다섯 갈래로 갈라진다. 줄기잎은 잎자루가 없고, 세 갈래로 갈라진다. 전체를 두통이나 관절염 등에 약으로 쓴다.

□ 물에 잠겨 자라는 모습(11월 6일).

## 개구리자리(놋동이풀)(미나리아재비과)

개구리가 사는 곳에 자란다고 개구리자리다. 놋동
이풀이라고도 한다. 반질반질 윤기 나는 잎으로 겨
울을 난다. 꽃이 피면 샛노란 꽃잎도 반질반질하다.
뿌리를 구안괘사(입과 눈이 한쪽으로 쏠려 비뚤어
지는 병)에 약으로 쓴다. 독을 우려내고 나물로 먹
는 지역도 있는데, 독이 강하니 먹으면 안 된다.

### 두해살이풀

**크기** 30~60cm
**꽃 피는 때** 4~6월
**자라는 곳** 논두렁,
습지

□ 꽃 핀 모습(5월 4일).

□ 줄기잎과 전체 모습(5월 4일).

□ 물 밖에서 자라는 모습(3월 12일).

□ 겨울 나는 잎(12월 7일).

□ 복수초 꽃이 진 모습(3월 17일).

## 복수초(미나리아재비과)

꽃은 아름답지만 독이 있다. 어릴 때 잎이 나물 해 먹는 산형과 식물과 닮아서 조심해야 한다. 봄눈을 뚫고 올라와 빛이 나는 황금 잔 같은 꽃이 핀다. 봄의 전령 같은 꽃이다. 줄기 하나에 꽃이 여러 송이 피는 종류도 있다. 복수초 종류는 다 먹으면 안 된다.

**여러해살이풀**

**크기** 10~25cm
**꽃 피는 때** 2월 말~4월
**자라는 곳** 깊은 산 숲 속

□ 꽃 핀 모습(3월 17일).

□ 가지가 갈라진 복수초 종류 꽃봉오리(3월 5일).

□ 꽃잎이 벌어지는 모습(2월 28일).

□ 새순 올라오는 모습(5월 7일).

## 꿩의다리 (미나리아재비과)

줄기가 가늘고 꼿꼿하며 셋으로 갈라져 꿩 다리를 닮았다고 꿩의다리다. 전체에 털이 없고, 짙은 풀빛 잎에는 분을 바른 듯 흰빛이 돈다. 줄기가 잎 위로 올라오면 나물 해 먹는 곳도 있지만, 알칼로이드라는 성분이 있어 많이 먹으면 구토와 설사를 한다. 증상이 심하면 사망할 수도 있으니 주의한다.

**여러해살이풀**

**크기** 100cm 정도
**꽃 피는 때** 6~7월
**자라는 곳** 산

□ 꽃 핀 모습(7월 23일).

□ 싹(5월 7일).

□ 자라는 모습(5월 7일).　　　□ 뿌리잎(5월 7일).

□ 매발톱 잎(4월 24일).

□ 매발톱 꽃 핀 모습(4월 24일).

□ 하늘매발톱 꽃봉오리(4월 17일).

□ 하늘매발톱 꽃(4월 17일).

## 매발톱⊃하늘매발톱 (미나리아재비과)

긴 꽃뿔이 매 발톱을 닮았다고 매발톱이다. 잎이 야
들야들해서 먹을 수 있을 것 같지만, 독이 강해 먹
으면 안 된다. 잎에는 털이 없고, 뒷면은 분을 바른
듯 흰빛이 돈다. 높은 산에 사는 하늘매발톱은 하늘
빛 꽃과 흰 꽃이 핀다. 매발톱 종류는 나물로 먹지
않는다.

**여러해살이풀**

**크기** 50~70cm
**꽃 피는 때** 4~7월
**자라는 곳** 산, 뜰

□ 꽃 핀 모습(5월 2일).　　□ 잎(5월 2일).

---

여러해살이풀

**크기** 10~25cm
**꽃 피는 때** 4~5월
**자라는 곳** 깊은 산
　　　　　숲 속

## 모데미풀(미나리아재비과)

우리나라 특산 식물로, 지리산 모데미 마을에서 처음 발견되어 붙은 이름이다. 독이 강해서 먹으면 안된다. 뿌리에서 줄기가 여러 대 모여 나와 자란다. 꽃줄기 끝에 흰 꽃이 피는데, 꽃잎처럼 보이는 것은 꽃받침조각이다. 잎은 다섯 갈래로 깊이 갈라지고, 잎 가장자리에 뾰족한 톱니가 있다.

□ 싹(3월 29일).

## 투구꽃(미나리아재비과)

꽃이 투구를 닮았다고 투구꽃이다. 뿌리를 초오라
해서 약으로 쓴다. 하지만 전체에 독이 강해 함부로
쓰면 안 되고, 잎이나 뿌리를 나물로 먹어도 안 된
다. 투구꽃, 지리바꽃, 백부자 등 초오속에 드는 식
물 뿌리는 옛날에 사약 재료로 썼을 만큼 독이 강하
니 나물 할 때 주의한다.

**여러해살이풀**

**크기** 100cm 정도
**꽃 피는 때** 8~9월
**자라는 곳** 산골짜기,
　　　　　 숲 속

450

ㅁ 새순 올라온 모습(4월 11일).

ㅁ 꽃 핀 모습(9월 23일).

ㅁ 어린 싹(3월 17일).

ㅁ 이른 봄에 본 싹(2월 27일).

ㅁ 봄물 오른 싹(3월 28일).

ㅁ 뿌리(4월 11일).

□ 흰진범 뿌리잎(3월 29일).

## 진범⊃흰진범(미나리아재비과)

진교, 오독도기라고도 한다. 뿌리잎은 잎자루가 길고, 줄기잎은 위로 갈수록 잎자루가 짧으며, 크기도 작다. 여름에 잎겨드랑이에서 꽃대가 올라와 고니 모양 꽃이 멋스럽게 핀다. 진범은 줄기에 자줏빛이 돈다. 흰진범도 있다. 전체에 독이 있어 먹으면 안 되지만, 뿌리는 진교라 해서 약으로 쓴다.

**여러해살이풀**

**크기** 40~70cm
**꽃 피는 때** 8~9월
**자라는 곳** 깊은 산 숲 속

□ 진범 자라는 모습(7월 28일).

□ 진범 꽃 핀 모습(8월 27일).

□ 흰진범 봄물 오른 잎(5월 7일).

□ 흰진범 꽃봉오리(8월 24일).

□ 흰진범 자라는 모습(7월 23일).

□ 흰진범 꽃 핀 모습(8월 27일).

□ 꽃봉오리가 맺힌 모습(4월 15일).

## 동의나물 (미나리아재비과)

이름에 '나물'이 붙었지만, 독이 강해 먹으면 안 된다. 주로 산의 축축한 곳에 무리지어 자란다. 곰취와 헷갈리기 쉬우므로 주의한다. 꽃이 피면 알아보기 쉽지만, 꽃이 없을 때는 잎으로 구별한다. 곰취는 잎 가장자리에 날카로운 톱니가 있지만, 동의나물은 둥글둥글한 톱니가 있고 반들거린다.

### 여러해살이풀

**크기** 40~50cm
**꽃 피는 때** 4~5월
**자라는 곳** 산의 습지

454

□ 꽃 핀 모습(4월 2일).

□ 꽃대가 자란 모습(4월 24일).

ㅁ 족도리풀 잎(5월 3일).

## 족도리풀⊃개족도리풀(쥐방울덩굴과)

꽃이 족두리를 닮아서 족도리풀이다. 뿌리를 세신
이라 하여 한약재로 쓴다. 하지만 전체에 독이 강해
나물로 먹으면 안 된다. 심장 모양 잎이 긴 잎자루
끝에 달리고, 검은 자줏빛 꽃이 아래를 보고 핀다.
잎에 얼룩무늬가 있는 개족도리풀이나 족도리풀 종
류는 다 독이 있다.

**여러해살이풀**

**크기** 30~60cm
**꽃 피는 때** 4~5월
**자라는 곳** 산의 숲 속

□ 족도리풀 꽃 핀 모습(4월 5일).

□ 개족도리풀 꽃 핀 모습(4월 6일).

■ 꽃대 올라온 모습(4월 21일).

## 애기똥풀(양귀비과)

줄기나 잎을 꺾으면 노란 액이 나오는데, 이게 아기 똥을 닮아서 애기똥풀이다. 젖이 나오는 것 같다고 젖풀이라고도 한다. 노란 액에 강한 독이 있어 먹으면 안 된다. 뿌리잎으로 겨울을 나며, 희고 곱슬곱슬한 털이 빽빽하다. 자라면서 털이 점점 줄어든다. 한방에서는 백굴채라 하여 약으로 쓴다.

**크기** 30~80cm
**꽃 피는 때** 4월 말~ 8월
**자라는 곳** 숲 가장자리, 마을 둘레

□ 꽃 핀 모습(4월 29일).

□ 뿌리잎(3월 29일).

□ 피나물 잎(4월 21일).

## 피나물⊃매미꽃(양귀비과)

노란 꽃이 매미꽃을 많이 닮았다. 줄기를 자르면 붉은 진액이 나오는데, 이게 피 같다고 피나물이다. 이름에 '나물'이 붙었지만, 독이 있어서 먹으면 안 된다. 어린순을 데쳐서 우려내고 나물로 먹는 곳도 있다. 매미꽃도 먹지 않는다.

### 여러해살이풀

**크기** 30cm 정도
**꽃 피는 때** 4~5월
**자라는 곳** 산의 숲 속

■ 피나물 꽃봉오리는 털이 있다(4월 21일).

■ 피나물은 꽃줄기에 잎이 달렸다(4월 21일).

■ 매미꽃은 꽃줄기에 잎이 달리지 않았다(4월 24일).

■ 매미꽃 꽃봉오리는 털이 없다(4월 24일).

■ 매미꽃 잎(4월 24일).

◼ 산괴불주머니 잎(3월 3일).

## 산괴불주머니⊃염주괴불주머니 <small>(현호색과)</small>

두해살이풀

**크기** 30~50cm
**꽃 피는 때** 4~6월
**자라는 곳** 산

괴불주머니는 아이나 여자들 주머니 끝에 매달던 작은 노리개다. 꽃이 괴불주머니를 닮아 이런 이름이 붙었다. 특유의 냄새가 나서 똥풀이라고 하는 곳도 있다. 괴불주머니 종류는 모두 독이 있어서 먹으면 안 된다. 연한 잎을 데쳐서 우려내고 먹는 곳도 있다.

▫ 산괴불주머니 꽃이 맺힌 모습(3월 11일).

▫ 산괴불주머니 꽃 핀 모습(3월 17일).

▫ 염주괴불주머니 잎(3월 23일).

▫ 염주괴불주머니 봄물 오른 잎(4월 12일).

▫ 염주괴불주머니 순(4월 14일).

▫ 염주괴불주머니 꽃 핀 모습(4월 29일).

□ 잎과 꽃봉오리(3월 2일).

## 현호색(현호색과)

전체에 물기가 많다. 잎이 동그마하거나 길쭉하거나 잘게 갈라지는 등 변이가 많다. 줄기 위쪽에 트럼펫 모양 꽃이 하늘빛, 보랏빛, 분홍빛 등 여러 빛깔로 모여 핀다. 덩이줄기를 현호색이라 해서 약으로 쓴다. 현호색 종류는 나물로 먹으면 안 된다.

### 여러해살이풀

**크기** 20cm 정도
**꽃 피는 때** 3월 말~
　　　　　5월
**자라는 곳** 산과 들

꽃 핀 모습(3월 18일).

□ 꽃봉오리(3월 5일).

□ 붉은색이 짙은 꽃(4월 1일).

□ 열매(4월 1일).

□ 겨울 나는 모습(2월 27일).

## 등대풀 (대극과)

잎 가운데 핀 밝은 녹황색 꽃이 밤에 바다를 밝히는 등대 같다고 등대풀이다. 바닷가 마을에서 잘 자란다. 줄기를 자르면 흰 즙이 나오는데, 독이 강해서 먹으면 안 된다. 데쳐서 우려낸 뒤 나물 해 먹는 곳도 있다. 전체를 약으로 쓴다.

### 두해살이풀

**크기** 25~35cm
**꽃 피는 때** 4~5월
**자라는 곳** 바닷가, 들, 빈 터

□ 꽃 핀 모습(4월 4일).

□ 늦가을 모습(11월 3일).

□ 열매 맺은 모습(4월 28일).

□ 열매(5월 31일).

대극 잎(4월 24일).

## 대극 ⊃ 두메대극(대극과)

날렵한 잎이 큰 창 같다고 대극이다. 잎이 버들잎을 닮았고, 하얀 즙이 옻나무처럼 살갗에 옻을 일으켜 버들옻이라고도 한다. 잎이 깔끔하고 가운데 잎맥이 흰데, 잎과 줄기를 뜯으면 흰 즙이 나온다. 두메대극 등 대극 종류는 약으로 쓰지만, 독이 강해서 나물로 먹으면 안 된다.

**여러해살이풀**

**크기** 20~70cm
**꽃 피는 때** 5~6월
**자라는 곳** 산과 들의 풀밭

□ 대극 꽃이 맺힌 모습(4월 19일).

□ 대극 꽃 핀 모습(5월 29일).

□ 대극 활짝 핀 모습(5월 3일).

□ 두메대극 꽃 핀 모습(6월 20일).

■ 옻나무 새순(4월 20일).

## 옻나무⊃개옻나무, 산검양옻나무(옻나무과)

수액을 옻이라 하여 옻칠 재료로 쓴다. 옻나무를 만
지면 살갗이 가렵고 염증이 생기기도 하는데, 옻이
올랐다고 한다. 옻나무 종류는 독이 강해 먹으면 안
된다. 닭을 삶을 때 넣기도 하지만, 옻을 타는 사람
은 먹어도 옻이 오른다. 새순을 데쳐서 나물 해 먹
기도 하나, 일반적으로는 먹지 않는다.

**갈잎큰키나무**

**크기** 20m 정도
**꽃 피는 때** 5~6월
**자라는 곳** 집 근처,
　　　　　산기슭

□ 옻나무 잎(5월 7일).

□ 옻나무 수액. 공기에 닿으면 검게 변한다(10월 27일).

□ 개옻나무 새순(5월 23일).

□ 산검양옻나무 새순(4월 27일).

□ 개옻나무 잎과 열매(6월 15일).

□ 산검양옻나무 잎(5월 18일).

□ 모여나는 잎(5월 23일).　　　　□ 꽃 핀 모습(5월 23일).

## 철쭉 (진달래과)

진달래는 먹을 수 있고, 철쭉은 독이 있어 먹지 않는다. 그래서 진달래는 참꽃, 철쭉은 개꽃이라 한다. 잎은 거꾸로 된 달걀 모양이고, 끝이 둥그마하다. 가지 끝에 4~5장 모여나고, 가장자리가 밋밋하다. 어린 가지와 꽃자루는 끈적끈적하다. 연분홍 꽃이 피거나, 더 짙고 붉은 꽃이 피기도 한다.

**갈잎떨기나무**

**크기** 2~5m
**꽃 피는 때** 4~5월
**자라는 곳** 산

□ 모랫밭에서 꽃 핀 모습(5월 19일).　　　　　□ 잎(4월 28일).

**여러해살이풀**

**크기** 2m 정도
**꽃 피는 때** 5~6월
**자라는 곳** 바닷가

## 갯메꽃(메꽃과)

갯가에서 피는 메꽃이라고 갯메꽃이다. 꽃은 메꽃을 닮았는데, 사는 곳과 잎 모양은 다르다. 주로 바닷가 모래땅에서 자라고, 콩팥 모양을 닮은 잎이 두껍다. 어린순은 나물 해 먹고, 뿌리는 메라고 해서 메꽃 뿌리처럼 삶아 먹기도 하지만, 독이 있으니 먹지 않는 게 좋다. 뿌리는 약으로 쓴다.

□ 열매 맺은 모습(7월 27일).

□ 꽃 핀 모습(7월 24일).

□ 익은 열매(8월 20일).

## 꽈리 (가지과)

독이 있어 나물로 먹으면 안 된다. 뿌리와 열매는 약으로 쓴다. 여름에 흰 꽃이 피고, 가을이 되면 열매가 빨갛게 익어 보기 좋다. 열매에서 빨간 껍질 부분은 꽃받침이 자란 것이고, 속에 동그란 진짜 열매가 있다. 열매에서 씨를 빼고 불면 꽉 꽉 소리가 난다.

**여러해살이풀**

**크기** 40~90cm
**꽃 피는 때** 6~7월
**자라는 곳** 집 둘레

474

□ 무리지어 자라는 모습(4월 5일).

□ 자라는 모습(4월 15일).

□ 꽃 핀 모습(4월 23일).

**여러해살이풀**

**크기** 30~60cm
**꽃 피는 때** 4~5월
**자라는 곳** 깊은 산의
숲 속

# 미치광이풀(가지과)

먹으면 중독되어 환각 증상으로 괴로워하다가 미친 듯이 날뛰다 죽는다고 미치광이풀이다. 독뿌리풀이라고도 한다. 독이 강하니 절대로 나물 해 먹으면 안 된다. 전체에 독이 강한 알칼로이드 성분 등이 들어 있다. 뿌리는 약으로 쓴다.

□ 꽃 핀 모습(8월 13일).

□ 어린 모습(8월 13일).

□ 열매(8월 13일).

## 독말풀(가지과)

약으로 쓰지만, 독이 강해 나물 해 먹으면 안 된다. 옛날에 사약 재료로 써서 만다라화라고도 한다. 열대 아메리카가 고향인 약용 식물인데, 퍼져서 자란다. 낮에는 오므리고 있다가 밤이 되면 연자줏빛 꽃이 활짝 핀다. 흰 꽃이 피는 것도 있다. 잎 가장자리에 고르지 않은 톱니가 있다.

### 한해살이풀

**크기** 1~2m
**꽃 피는 때** 8~9월
**자라는 곳** 길가, 빈 터

□ 자란 잎(4월 20일).

□ 싹(4월 14일).

□ 꽃 핀 모습(7월 20일).

| 여러해살이풀 | **파리풀**(파리풀과) |

**크기** 70cm 정도
**꽃 피는 때** 7~9월
**자라는 곳** 산과 들의
　　　　　　 응달

## 파리풀(파리풀과)

뿌리를 찧은 즙을 종이에 먹여 파리를 잡았다고 파리풀이다. 파리한테 독이 되는 풀이라고 승독초라고도 한다. 그래서 벌레 물린 데 이 풀을 찧어 붙이면 해독 작용을 한다. 독이 있어 나물로 먹으면 안 된다. 작고 귀여운 꽃이 아래부터 피어 올라간다. 열매는 동물 털이나 사람 옷에 잘 달라붙는다.

□ 싹(4월 15일).

□ 펼쳐진 잎(5월 4일).

□ 자란 잎(5월 2일).

## 박새 (백합과)

독이 강해 어린잎이라도 먹으면 안 된다. 깊은 산
나무 그늘 아래 기름진 곳이나 습지에 무리지어 자
란다. 커다란 타원형 잎은 세로 주름이 많으며, 밑
부분은 줄기를 감싼다. 언뜻 보면 잎이 여로와 비슷
하다. 독이 강해 뿌리를 농약 재료로 쓰기도 한다.

**여러해살이풀**

**크기** 60~150cm
**꽃 피는 때** 6~7월
**자라는 곳** 깊은 산의
축축한 곳

478

꽃 핀 모습(6월 26일).

줄기가 올라온 모습(6월 11일).

열매(7월 23일).

□ 흰여로 싹(4월 6일).

□ 흰여로 싹(4월 6일).

□ 흰여로 자란 잎(4월 11일).

## 흰여로⊃여로 (백합과)

| 여러해살이풀 |
| --- |
| **크기** 1m 정도 |
| **꽃 피는 때** 7~8월 |
| **자라는 곳** 산 |

흰 꽃이 핀다고 흰여로다. 키가 크고 자줏빛 꽃이 피는 여로, 파란여로, 참여로, 긴잎여로 등 여로 종류는 뿌리를 약으로 쓰지만, 독이 강해 나물로 먹으면 안 된다. 흰여로는 꽃 사진을 보면 박새와 비슷한 것 같지만, 꽃이 박새보다 작고 여리며, 줄기도 약하고 가늘다.

480

□ 흰여로로 자라는 모습(6월 9일).

□ 자줏빛 나는 여로 종류 꽃(7월 9일).

□ 흰여로 꽃(7월 1일).

□ 잎(3월 12일).

## 산자고 (백합과)

까치무릇이라고도 한다. 어린순을 먹는 곳도 있지
만, 독이 강해 먹으면 안 된다. 땅 속에 실파 같은
비늘줄기가 있고, 잎은 무릇과 닮았다. 갸름하고 긴
잎은 물기가 많고, 자라면 분을 바른 듯 흰빛이 돈
다. 햇빛이 있어야 활짝 피는 꽃은 별 모양을 닮았
고, 꽃잎 뒤의 자줏빛 줄무늬가 아름답다.

**여러해살이풀**

**크기** 15~30cm
**꽃 피는 때** 3월 말~
5월
**자라는 곳** 산자락,
들의 풀밭

□ 무리지어 자라는 모습(3월 17일).

□ 꽃 핀 모습(3월 31일).

□ 드러난 뿌리(3월 29일).

□ 꽃잎을 오므린 모습(4월 6일).

□ 어린순(4월 12일).

## 윤판나물(백합과)

둥굴레를 닮았지만 올라올 때는 둥굴레보다 통통하고, 노란 꽃이 피어 구별하기 쉽다. 지역에 따라 어린순을 데쳐서 먹는 곳도 있지만, 많이 먹으면 설사나 중독 사고를 일으킬 수 있다. 둥굴레와 닮아서 잘못 뜯을 수 있으니 조심한다.

**여러해살이풀**

**크기** 30~60cm
**꽃 피는 때** 4~6월
**자라는 곳** 산의 숲 속

■ 꽃 핀 모습(5월 4일).

■ 통통하게 올라오는 싹(4월 12일).

■ 열매(5월 7일).

■ 꽃이 피기 시작한 모습(4월 13일).

■ 익은 열매(9월 23일).

□ 어린 모습(4월 12일).

## 애기나리 (백합과)

잎이 둥굴레를 닮았는데 작은 편이다. 봄에 산 오솔
길을 따라 오르다 보면 길가에 깔려서 무리지어 자
라는 걸 볼 수 있다. 어린순을 데쳐서 먹기도 하는
데, 줄기와 뿌리에 독이 있으니 먹으면 안 된다. 둥
굴레인 줄 알고 먹었다가 중독 사고를 일으킬 수도
있으니 조심한다.

**여러해살이풀**

**크기** 15~30cm
**꽃 피는 때** 4~5월
**자라는 곳** 산의 숲 속

□ 싹 나는 모습(4월 6일).

□ 꽃 핀 모습(4월 20일).

□ 꽃 피기 전 모습(6월 11일).

□ 익은 열매(9월 1일).

□ 어린 모습(3월 29일).

## 삿갓나물(백합과)

**여러해살이풀**

**크기** 30~40cm
**꽃 피는 때** 4월 말~
6월
**자라는 곳** 깊은 산의
숲

이름에 '나물' 이 붙었지만, 독이 강해 먹으면 안 된다. 먹는 우산나물은 올라올 때 솜털이 보송하고, 삿갓나물은 윤기가 난다. 우산나물은 갈라진 잎 가장자리에 톱니가 있고, 삿갓나물은 밋밋하다. 우산나물은 잎이 깊이 갈라졌고 갈래 조각이 다시 갈라지는데, 삿갓나물은 긴 타원형 잎이 돌려난다.

□ 꽃 핀 모습(4월 15일).

□ 접은 우산 같은 싹(3월 20일).

□ 꽃대 나온 모습(3월 29일).

□ 꽃 핀 모습(5월 17일).

□ 익은 열매(9월 23일).

□ 싹(4월 24일).

## 은방울꽃(백합과)

잎이 산마늘과 비슷하지만, 독이 강해 먹으면 안 된다. 구토와 설사, 심장 마비 등 중독 증상을 일으킬 수 있다. 하얀 꽃이 아래를 보고 피어 은방울 같다고 은방울꽃이다. 땅속줄기가 옆으로 뻗으며 자라 무리를 이룬다. 넓고 긴 잎이 2~3장 나온다. 꽃이 고와 심어 가꾸기도 한다.

**여러해살이풀**

**크기** 20~30cm
**꽃 피는 때** 5월
**자라는 곳** 산의 숲 속

490

□ 큰연영초(4월 24일).　　　□ 연영초(4월 24일).

### 여러해살이풀

**크기** 30cm 정도
**꽃 피는 때** 5～6월
**자라는 곳** 산의 개울가
　　　　　　응달

## 연영초⊃큰연영초 (백합과)

잎이 커서 쌈으로 먹을 수 있을 것 같지만, 독이 강해 먹으면 안 된다. 큰연영초와 닮았는데, 꽃잎과 꽃받침 끝이 뾰족한 편이다. 연영초는 산에 절로 자라는 수가 적어 보호해야 한다. 잎자루가 없는 큰 잎 세 장 사이에 하얀 꽃이 핀다. 꽃잎과 꽃받침도 세 장씩이다.

491

□ 상사화 싹(3월 30일).

□ 상사화 꽃(8월 13일).

□ 상사화 잎(3월 30일).

## 상사화⊃석산, 백양꽃(수선화과)

잎과 꽃이 만나지 못하는 꽃이라고 상사화다. 꽃과 잎이 만나지 못하는 꽃을 뭉뚱그려 상사화라 부르기도 한다. 주로 절이나 집 뜰에 심어 가꾸는데, 독이 있어 먹으면 안 된다. 잎은 초봄에 돋아 초여름이면 말라 죽고, 그 뒤에 꽃줄기가 올라와 분홍 꽃이 핀다. 석산, 백양꽃도 독이 있어 먹지 않는다.

### 여러해살이풀

**크기** 40~60cm
**꽃 피는 때** 7~8월
**자라는 곳** 집 둘레

□ 석산 꽃(10월 5일).

□ 석산 잎(12월 7일).

□ 백양꽃 꽃(8월 24일).

□ 백양꽃 잎(2월 25일).

□ 어린 모습(5월 3일).

□ 꽃 핀 모습(5월 9일).

□ 구슬눈(5월 19일).

□ 뿌리(7월 16일).

## 반하 (천남성과)

한방에서는 가래를 삭이는 등 약으로 쓰지만, 독이 있어 나물로 먹으면 안 된다. 옛날에 사약 재료로 썼다. 잎이 보통 셋으로 갈라지는데, 아주 어린잎은 갈라지지 않는다. 잎자루 아래쪽에는 씨처럼 싹이 터 번식을 하는 구슬눈이 있다. 꽃은 뱀이 혀를 쏙 내민 것 같은 모습이다.

| 여러해살이풀 |
| --- |
| **크기** 20~40cm |
| **꽃 피는 때** 5~6월 |
| **자라는 곳** 밭, 길가 |

494

□ 꽃 핀 모습(5월 20일).

□ 어린잎(5월 20일). 　　□ 열매(7월 2일).

□ 뿌리(5월 26일).

**여러해살이풀**

**크기** 20~50cm
**꽃 피는 때** 4~7월
**자라는 곳** 산의
　　　　　나무 밑

## 대반하(천남성과)

반하보다 커서 대반하다. 전체에 반질반질 윤기가
난다. 잎이 세 갈래로 깊이 갈라지는데, 어린잎은
갈라지지 않는 것도 있다. 반하는 잎자루에 구슬눈
이 달리는데, 대반하는 없다. 독이 강해 나물로 먹
으면 안 되지만, 약으로 쓴다.

□ 천남성 싹(4월 11일).

## 천남성 ⊃두루미천남성, 큰천남성 (천남성과)

산의 숲 속 나무 아래나 어둡고 축축한 곳에서 잘
자란다. 천남성은 옛날에 사약의 재료로 썼다. 천남
성, 큰천남성, 두루미천남성, 반하, 대반하 등 천남
성과에 드는 식물은 모두 독이 강해 먹으면 안 된
다. 전체에 독이 있지만, 뿌리는 약으로 쓴다.

**여러해살이풀**

**크기** 30~50cm
**꽃 피는 때** 4~6월
**자라는 곳** 산의 숲 속

□ 천남성 꽃 핀 모습(4월 4일).

□ 큰천남성(6월 1일).

□ 두루미천남성(6월 5일).

□ 천남성 열매(7월 16일).

□ 천남성 익은 열매(10월 17일).

□ 천남성 뿌리(4월 11일).

497

□ 앉은부채 잎(4월 11일).

## 앉은부채⊃애기앉은부채 (천남성과)

꽃이 앉은 듯 피고, 펼친 잎이 부채를 닮아 앉은부
채다. 우엉 잎을 닮아 우엉취라고도 한다. 이른 봄
에 눈 속에서 피기도 한다. 앉은부채와 애기앉은부
채는 독이 있어 나물로 먹지 않지만, 약으로 쓴다.

**여러해살이풀**

**크기** 30~40cm
**꽃 피는 때** 2~6월
**자라는 곳** 산골짜기
음지

□ 앉은부채 꽃(3월 2일).　　□ 애기앉은부채 꽃(7월 28일).

□ 애기앉은부채 싹(3월 19일).

□ 애기앉은부채 잎(3월 16일).

**499**

# 찾아보기